航空发动机基础与教学丛书

航空发动机结冰研究

张丽芬　韩冰冰　朱鹏飞　刘振侠　著

U0252254

科学出版社

北京

内 容 简 介

航空发动机结冰是威胁发动机安全运行以及飞机安全飞行的重要因素,国军标和适航规章均对航空发动机结冰的相关问题做出了明确要求。航空发动机结冰涉及的物理现象众多、结冰部件复杂,理论研究和试验研究开展的难度较大。本书聚焦航空发动机结冰研究的最新进展,力求以简洁明了的语言阐述过冷水结冰的数值计算方法、静止部件的三维结冰模拟、旋转帽罩的数值模拟与冰风洞试验、冰风洞结冰相似准则、冰晶结冰的最新研究、民航飞机发动机结冰的适航审定等内容。

本书可作为从事航空发动机结冰/防冰研究、设计、适航的工程技术人员、高等院校相关领域的教师及研究生的参考用书,同时也可以作为高等院校航空发动机专业的研究生教材。

图书在版编目(CIP)数据

航空发动机结冰研究 / 张丽芬等著. —北京:科学出版社,2023.9

(航空发动机基础与教学丛书)

ISBN 978 - 7 - 03 - 076044 - 9

Ⅰ.①航… Ⅱ.①张… Ⅲ.①航空发动机-防冰系统—研究 Ⅳ.①V233.94

中国国家版本馆 CIP 数据核字(2023)第 140389 号

责任编辑:胡文治 / 责任校对:谭宏宇
责任印制:黄晓鸣 / 封面设计:殷 靓

科学出版社 出版

北京东黄城根北街16号
邮政编码:100717
http://www.sciencep.com

南京展望文化发展有限公司排版
广东虎彩云印刷有限公司印刷
科学出版社发行 各地新华书店经销

*

2023年9月第 一 版 开本:B5(720×1000)
2024年11月第三次印刷 印张:11 1/2
字数:225 000

定价:110.00元
(如有印装质量问题,我社负责调换)

丛 书 序

航空发动机是"飞机的心脏",被誉为现代工业"皇冠上的明珠"。航空发动机技术涉及现代科技和工程的许多专业领域,集流体力学、固体力学、热力学、燃烧学、材料学、控制理论、电子技术、计算机技术等学科最新成果的应用为一体,对促进一国装备制造业发展和提升综合国力起着引领作用。

喷气式航空发动机诞生以来的 80 多年时间里,航空发动机技术经历了多次更新换代,航空发动机的技术指标实现了很大幅度的提高。随着航空发动机各种参数趋于当前所掌握技术的能力极限,为满足推力或功率更大、体积更小、质量更轻、寿命更长、排放更低、经济性更好等诸多严酷的要求,对现代航空发动机发展所需的基础理论及新兴技术又提出了更高的要求。

目前,航空发动机技术正在从传统的依赖经验较多、试后修改较多、学科分离较明显向仿真试验互补、多学科综合优化、智能化引领"三化融合"的方向转变,我们应当敢于面对由此带来的挑战,充分利用这一创新超越的机遇。航空发动机领域的学生、工程师及研究人员都必须具备更坚实的理论基础,并将其与航空发动机的工程实践紧密结合。

西北工业大学动力与能源学院设有"航空宇航科学与技术"(一级学科)和"航空宇航推进理论与工程"(二级学科)国家级重点学科,长期致力于我国航空发动机专业人才培养工作,以及航空发动机基础理论和工程技术的研究工作。这些年来,通过国家自然科学基金重点项目、国家重大研究计划项目和国家航空发动机领域重大专项等相关基础研究计划支持,并与国内外研究机构开展深入广泛合作研究,在航空发动机的基础理论和工程技术等方面取得了一系列重要研究成果。

正是在这种背景下,学院整合师资力量、凝练航空发动机教学经验和科学研究成果,组织编写了这套"航空发动机基础与教学丛书"。丛书的组织和撰写是一项具有挑战性的系统工程,需要创新和传承的辩证统一,研究与教学的有机结合,发展趋势同科研进展的协调论述。按此原则,该丛书围绕现代高性能航空发动机所涉及的空气动力学、固体力学、热力学、传热学、燃烧学、控制理论等诸多学科,系统介绍航空发动机基础理论、专业知识和前沿技术,以期更好地服务于航空发动机领域的关键技术攻关和创新超越。

    丛书包括专著和教材两部分,前者主要面向航空发动机领域的科技工作者,后者则面向研究生和本科生,将两者结合在一个系列中,既是对航空发动机科研成果的及时总结,也是面向新工科建设的迫切需要。

    丛书主事者嘱我作序,西北工业大学是我的母校,敢不从命。希望这套丛书的出版,能为推动我国航空发动机基础研究提供助力,为实现我国航空发动机领域的创新超越贡献力量。

2020 年 7 月

前　言

　　结冰气象条件下,航空发动机结冰给发动机的安全运行带来巨大威胁:发动机结冰可能引起发动机推力减小、进气畸变增加、脱落冰打伤发动机叶片造成机械损伤等。GJB 241A—2010、CCAR‐33 和 CCAR‐25 中均对发动机在结冰气象条件下运行提出了具体要求。开展航空发动机结冰研究对发动机防冰系统的设计、改进以及适航符合性验证具有重要的理论和应用价值。

　　航空发动机结冰的形式多样,不仅有过冷水引起的进气部件结冰,也有冰晶引起的发动机内部结冰;同时发动机中可能发生结冰的部件复杂,既有静止部件结冰,也有旋转部件结冰。因此航空发动机结冰具有"物理现象众多、结冰部件复杂"的显著特点。

　　本书以课题组近十五年在航空发动机结冰领域的研究成果为基础,结合最新的研究进展撰写而成。本书分为 7 章,围绕航空发动机结冰论述了三个问题:

　　1) 过冷水引起的结冰问题

　　第 1~5 章阐述了过冷水引起的进气部件结冰问题。其中,第 1~2 章首先阐述了结冰的基本概念、主要的计算方法等理论知识;第 3 章针对发动机结冰部件的复杂结构,阐述静止部件的三维结冰计算方法;第 4 章针对发动机旋转帽罩结冰,阐述了计算方法和冰风洞试验;第 5 章对冰风洞试验的相似准则进行了阐述。第 1~2 章为理论部分,第 3~5 章为应用部分。

　　2) 冰晶引起的结冰问题

　　第 6 章论述了发动机吸入冰晶导致的发动机内部结冰问题。主要从冰晶结冰概述、研究进展、计算方法三个方面展开论述。冰晶结冰是目前发动机结冰领域面临的一个新的课题,2006 年之后北美和欧洲相继开展了研究,2015 年美国联邦航空管理局(Federal Aviation Administration, FAA)将冰晶结冰气象条件纳入适航规章,目前中国民航局尚未将这一气象条件纳入,但随着研究的深入,将冰晶结冰气象条件纳入适航规章将是必然趋势。

　　3) 适航审定的相关要求

　　第 7 章论述了民航飞机发动机结冰的适航审定,介绍 CCAR‐33 和 CCAR‐25

结冰相关条款的要求及演变、符合性验证方法,最后对动力装置结冰适航审定的发展趋势做出了展望。

本书由刘振侠教授统筹并给予大力支持,第 1 章由刘振侠撰写,第 2 章由张丽芬撰写,第 3 章由朱鹏飞撰写,第 4~5 章由张丽芬、朱鹏飞撰写,第 6 章由张丽芬、韩冰冰撰写,第 7 章由韩冰冰撰写,全书由张丽芬统稿。在撰写过程中,课题组李静博士、张美华硕士、张斐硕士在内容方面提供了支持,赵建辉、方圆两位学生在图表制作方面提供了非常多的帮助,在此表示感谢。

本书的出版得到了中国民用航空上海航空器适航审定中心动力装置室李新主任的大力支持;中国航发沈阳发动机研究所内流传热设计研究室陆海鹰主任、周建军主任、李云单高级工程师对作者开展的动力装置结冰研究给予了大力的支持和帮助;中国空气动力研究与发展中心结冰与防/除冰重点实验室易贤主任、王强副研究员、郭向东副研究员、武汉航空仪表有限责任公司郑莉研究员级高级工程师为本书的撰写提供了素材;西北工业大学缑林峰教授审阅了本书,提出了宝贵的修改意见。感谢专家们的大力支持!

由于作者水平有限,难免有疏漏和不当之处,恳请各位读者批评指正。

作者
2023 年 2 月

目　录

第3章 静止部件三维结冰的数值模拟

第4章 旋转帽罩结冰数值模拟与冰风洞试验

第 5 章 冰风洞试验的相似准则

第 6 章 冰晶导致的发动机结冰

第7章 民航飞机发动机结冰的适航审定

第1章
绪　论

1.1　航空发动机结冰的特殊性

飞机飞越含有过冷水滴的云层时,航空发动机进气部件可能会发生结冰,这些部件包括短舱的唇口、进气道、旋转帽罩、风扇叶片、支板、外涵、分流环、导向叶片等。发动机进气部件结冰与飞机结冰相比有一定的特殊性,比如旋转整流帽罩的表面会出现"羽毛状"或"针状"的结冰,这与飞机的机翼、风挡、雷达罩等静止部件结冰是不同的;导流叶片发生结冰时可能会在整个压力面上形成结冰,这与机翼上仅在前缘部分结冰是不同的。发动机进口部件对结冰的承受能力比飞机其他部位如飞机机翼以及挡风玻璃等要差,因此发动机进气部件结冰的危害非常大:进气部件结冰易使来流气流产生畸变,对发动机的气动性能造成影响;由于振动、旋转导致冰脱落,这些冰可能会被吸进压气机和燃烧室,导致压气机叶片损伤、燃烧室熄火甚至发动机停车;进口部件结冰还会减小气流的流通面积,使得进入发动机的气流流量减少,降低发动机的推力,严重时还会引起压气机喘振,如果要保证在给定转速下的推力,就必须增大燃油流量,无疑将增大油耗;如果叶片表面结冰,会引起转子转动不平衡和发动机剧烈振动,可能导致发动机转子轴承破坏。

除了过冷水滴导致的进气部件结冰,航空发动机还有可能遭遇另外一种结冰——吸入冰晶导致的结冰。过冷水滴一般出现在 7 000 m 以下的高空,而 7 000 m 以上的高空,过冷水滴会以冰晶的形态存在。冰晶对于飞机的危害不大,因为冰晶撞击飞机冷表面会反弹,但是冰晶被发动机吸入以后,可能会在核心机里发生结冰,造成发动机无指令的推力损失、机械损伤、发动机熄火等严重后果。

无论由过冷水滴引起的进气部件结冰还是由冰晶引起的发动机核心机里的结冰,与飞机结冰相比发动机结冰都有其特殊性。在飞行实践中,人们逐渐认识到航空发动机结冰所带来的危害,为了保障发动机在结冰气象条件下的安全运行,《航空涡轮喷气和涡轮风扇发动机通用规范》(GJB 241A—2010)中对结冰气象条件下发动机的运行提出了要求,并对环境结冰试验进行了详细的说明。《航空发动机适航规定》(CCAR-33)中 33.68 条款要求,在所有防冰系统工作时,每型发动机必须满足在 CCAR - 25 附录 C 规定的连续最大或间断最大结冰状态下,发动机在其整个飞行功率范围内,发动机部件不应出现影响发动机工作或引起功率或推力严重损失的结冰情况。在 2015 年初美国联邦航空管理局对美国联邦适航条例 FAR - 33 进行了修正,在适航审定中加入了冰晶结冰的气象条件要求。

由于航空发动机结冰可能带来的严重后果以及其结冰的特殊性,有必要开展发动机结冰的相关研究。本书围绕航空发动机结冰从过冷水滴结冰(第 2~5 章)、冰晶结冰(第 6 章)、适航规章(第 7 章)三个部分进行了论述。

1.2　结冰基本概念

1.2.1　结冰的气象参数

飞机在含有过冷水滴的云层中飞行时,所有的迎风表面都可能会发生结冰。对于航空发动机,进气唇口、进气道、整流帽罩、风扇、分流环以及外涵道支板都有可能会发生过冷水滴导致的结冰。

过冷水滴是指当温度低于 0℃ 时,仍以液态形式存在的水滴。过冷水滴能在低于 0℃ 的温度下存在,其原因有如下几点:水滴曲率比较大、液体的冰点低、冰与水分子的结构差异、没有凝结核等[1]。在研究结冰现象时,结冰的气象参数非常重要,主要参数如下[1]。

1. 云层温度

云层温度是影响结冰的主要气象参数之一。按照云的形式可以分为两类:层状云和积状云。层状云描述水平方向上广泛发展的云。积状云是以垂直发展为特征的云。根据云层底部距离地面的高度,云可以分为低云(云底处于地表至 6 500 ft① 高度范围)、中云(云底高度为 6 500~20 000 ft)、高云(云底高度为 20 000 ft 或以上)[2]。由温度随高度的变化规律,即每升高 1 km,温度降低约 6.5℃[2],可以大致计算出不同高度云层的温度。

在 -40℃ ~ 0℃ 的云层温度范围,都有可能结冰。一般来说,结冰发生在 -20℃~0℃ 的范围,但是对于发动机,当外部气温达到 5℃ 时,依然可能发生结冰,这是由于空气流经发动机进气部件时膨胀降温所致。

2. 液态水含量

液态水含量(liquid water content, LWC)是指单位体积云层中所包含的液态水的质量,单位为 g/m^3,它只包含以过冷水滴形式存在的水,不包括以蒸汽形式或者冰晶形式存在的水。对于层状云,LWC 的典型值为 0.1~0.8 g/m^3;对于积状云,LWC 的典型值为 0.2~2.5 $g/m^{3[2]}$。液态水含量越大,单位时间内撞击在部件表面

---

① 1 ft = 0.304 8 m。

的水量越多,结冰会越严重,因此液态水含量是结冰的重要气象参数之一。

3. 水滴的平均体积直径

平均体积直径(medium volume diameter,MVD),可以理解为将大气中的水滴按照直径大小进行排序,小于某个水滴直径的所有水滴的总质量与大于该水滴直径的水滴的总质量相等时,该水滴直径即为 MVD。水滴群具有不同的 MVD 时,会影响结冰的范围以及冰形,因此 MVD 也是一个重要的结冰气象参数。水滴直径单位为 μm。常见的结冰云中水滴直径为 $10\sim40~\mu m$,当 MVD 大于 $40~\mu m$ 时称为过冷大水滴(supercooled large droplets,SLD)。

4. 云层范围

云层范围指云的水平长度和垂直厚度。CCAR-25 中规定的连续最大结冰的水平范围标准距离为 17.4 n mile(1 n mile=1.852 km),最大垂直厚度为 1 980 m;间断最大结冰的水平范围标准距离 2.6 n mile。

1.2.2 冰形分类

在飞行实践中,遇到的结冰气象条件不同,会形成不同类型的结冰。根据结冰物理过程的不同,一般在温度为 -40℃ ~0℃ 的范围时,结冰会出现三种典型的冰形。

1. 霜冰

当飞机飞过温度较低、液态水含量较低的云层时,与尺寸较小的过冷水滴发生碰撞后,这些小过冷水滴就会迅速释放潜热,立即全部冻结成冰,这种冰称为霜冰(图 1-1)。霜冰的形成过程非常快,冰层中的气泡来不及排除,撞击区域相对小,不会发生溢流,因此结冰的形状

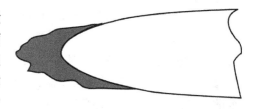

图 1-1 霜冰

比较规则,颜色呈乳白色,一般是不透明的。发动机静止和旋转部件上都有可能结成霜冰;霜冰一般具有较低的密度和较高的黏附属性;黏附属性随温度的降低而增大,但是温度降到某一临界值之后,黏附属性将呈现基本不变的趋势[3]。

2. 明冰

明冰通常形成于温度稍低于冰点、风速较高以及液态水含量(LWC)较高的结冰云雾中。液滴碰撞在部件表面后,没有冻结或者只有部分冻结,液态水会在气动力作用下,沿着撞击表面溢流,在流动的过程中逐渐冻结。这种类型的结冰颜色透明,质地也较硬,被称作明冰(图 1-2)。明冰的冰形不规则,更容易受到

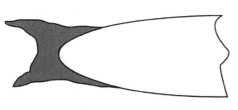

图 1-2 明冰

空气动力的影响而导致脱落;明冰具有较低的冻结系数和黏附属性;对于静止件,明冰是主要的影响因素,对于旋转件,霜冰是主要影响因素[3]。

3. 混合冰

混合冰为明冰和霜冰的混合体(图 1-3),过冷水滴与壁面撞击时,驻点附近水滴部分冻结,未冻结的水受气动力向后溢流,具有明冰的特征;而在接近撞击极限时,过冷水滴全部结冰,又显示出了霜冰的特性。混合冰同时兼具了两者的特性,一般先结明冰,后结霜冰[3]。这种冰的形成条件介于明冰和霜冰之间。

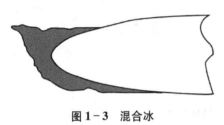

图 1-3　混合冰

1.3　结冰研究的发展

1. 结冰数值研究的发展

国外从 20 世纪 50 年代开始采用数值计算研究飞机结冰[4],80 年代结冰研究主要是针对飞机机翼结冰[5-8],80 年代末以及 90 年代[9,10]开始对发动机的唇口等部件进行结冰的数值研究。在结冰数值研究的发展中,不同国家开发出了各自的结冰计算代码/软件,如美国 LEWICE、法国 ONERA、英国 DRA、意大利 CIRAMIL、加拿大 FENSAP-ICE 等。一般来说,数值计算代码/软件包括:空气-水滴两相流计算、水滴撞击特性计算、结冰计算及结冰后边界重构。

空气-水滴两相流计算是水滴撞击特性计算和结冰计算的前提和基础。空气场的计算方法有求解势流法、欧拉方程法、N-S 方程法。在早期研究中,因为求解势流法[11,12]和求解无黏的欧拉方程法[13,14]比较简单,因此得到了广泛应用。但是这些方法没有考虑空气的黏性,计算时会导致较大的误差。Potapczuk 等[15]通过求解 N-S 方程,计算分析了机翼没有结冰时附近流场特性和前缘结冰后的机翼附近流场特性,结果虽与试验结果存在误差,但可以很好地模拟出机翼表面的气动性能。随着计算机性能的提高和数值计算的发展,目前结冰预测研究中多采用 N-S 方程,比如 FENSAP-ICE[16]就是用有限元的数值方法求解 N-S 方程以获得结冰表面外的空气流场。早期的 LEWICE 软件采用的势流方法,后来逐渐开发了采用 N-S 方程进行求解的功能。对发动机进气部件的结冰数值模拟,需要考虑黏性的影响,因此有必要采用 N-S 方程进行流场求解。

得到空气场后,需要计算水滴运动轨迹以获得水滴撞击特性。在 1940 年和 1946 年,Taylor 等[17]先后两次为水滴运动轨迹建立了数学模型。在这以后,NACA 又完成了机翼、圆柱以及圆球的水滴撞击特性数值计算的研究工作。Brun 等[18]不仅计算了可压流动中,圆柱表面的水滴撞击特性,还测量了水滴直径、液态水含量等结冰参数,并评估分析了这些参数对结冰的影响。Dorsh 等[19]在 1955 年首次提出了一种三维水滴撞击特性的计算方法——图解法,并利用该方法计算了三维圆球的水滴撞击特性。在早期的研究中,如 Maltezos 等[20]和 Caruso[21]大多都是采用拉格朗日法来求解过冷水滴运动轨迹以获得撞击特性。随着研究的深入,几何结构逐渐变得复杂,拉格朗日法处理略显困难,而欧拉法不需插值运算、适用于三维复杂几何体等特点,使得欧拉法计算水滴撞击特性逐渐普遍。Bourgault 等[22]、Tong 等[23]对水滴撞击特性的数值计算,都采用了欧拉法,并且计算获得的结果与实际吻合。Iuliano 等[24]利用数值模拟的方法,分别使用拉格朗日法和欧拉法来求解水滴运动轨迹,通过与拉格朗日法以及试验结果的比较,验证了欧拉法计算水滴撞击特性的准确性。欧美发达国家对于发动机进气部件的过冷水滴撞击特性,进行了一系列的研究。Bidwell[25]通过程序计算了波音 737 - 300 发动机的进气道唇口及整流罩表面的水滴收集系数,在其所研究的工况范围内,计算结果与试验结果基本相同。Farag 等[26]开发了一种专门针对飞机螺旋桨表面水滴撞击特性的数值模拟程序,利用该程序对二维螺旋桨模型和三维螺旋桨模型进行了水滴撞击特性的数值计算,三维模型的数值计算结果不仅明显好于二维模型的计算结果,而且与试验数据更加吻合。因此他们提出,影响螺旋桨结冰表面水滴撞击特性最重要的因素是进气道与整流帽罩的几何结构。Nathman 等[27]通过研究发现,在轴对称发动机进口,当水滴数量足够多的时候,采用撞击区域水滴数量直接模拟水收集系数的分布与采用水滴轨迹来模拟水收集系数的分布的结果基本一致。

得到水滴撞击特性后,就需要进行结冰计算。1953 年,Messinger[4]首次提出了用于计算飞机结冰过程的结冰热力学模型,该模型后经美国国家航空航天局(National Aeronautics and Space Administration, NASA)改进,由一个能量守恒方程发展为一个能量守恒方程加上一个质量守恒方程。Messinger 结冰热力学模型对后来的研究者影响很大,以后发展的结冰模型大都是以该结冰模型为基础。由于 Messinger 模型求解简单,实现容易,主要物理现象也能得到体现,因此 Messinger 结冰热力学模型发展很快,使用范围也非常广泛。例如,美国的 LEWICE[28]、法国的 ONERA[29]、英国的 DRA[30]、加拿大的 CANICE[31] 和意大利的 CIRA[32],都是以 Messinger 结冰热力学模型为基础不断发展而来的。由于 Messinger 结冰热力学模型采用准稳态计算,假设控制体内还未冻结的水完全流入下一个相邻的控制体内,因此在很多情况下,该模型对明冰和混合冰冰形的预测具有一定的不足。加拿大 FENSAP - ICE 软件[33]以 Messinger 结冰热力学模型为基础,在考虑水膜流动的基础上建立了浅水结冰模型(shallow water icing model)。Myers 等[34-36]以薄膜润滑理论为基础建立了一种考虑冰层内导热和水膜流动的结冰模型,改进了 ICECREMO 结冰计算软件。Olsen[37]根据在 NASA 的 IRT(Icing Research Tunnel)冰风洞试验的详细记录,在粗糙度和溢流水特征等方面,建议对结冰热力学模型进行改进。

Hansman 和 Anderson 等通过试验[38-41],把结冰区域划分为光滑区和粗糙区,建立了一种多区域的明冰结冰模型。Wright 与 Bidwell 对 LEWICE 软件以及 Fortin 等对 CIRAMIL 软件[42,43],通过表面粗糙度的分析预测模型,改进了软件结冰预测模型。Tsao 与 Rothmayer[44-46]的研究发现结冰表面水膜运动过程是不稳定的,并对此进行了定性分析,但还没有应用在实际的结冰研究工作中。Hedde 等[47]针对二维和三维结冰数值计算进行了大量的研究工作。Gent[48]开发了一种专门用于二维直升机旋翼的结冰数值模拟软件。研究人员利用上述介绍的各种结冰模型,对各种典型翼型进行了一系列的结冰计算[49-54]。国外研究人员对发动机进口的结冰数值模拟也开展了研究工作。Eberhardt 等[55]通过 BUWICE 结冰计算软件模拟了发动机进口在流量为 375 kg/s 和 750 kg/s 条件下的结冰情况,结果显示,BUWICE 的计算结果与试验数据的吻合比 LEWICE 更好。Lee 等[56]为了更好地模拟发动机静子叶片的结冰情况,使用了将冰生长和水收集系数分布、压力系数分布相耦合的方法,该方法使结冰的物理形状和尺寸更准确。Das 等[57]利用 LEWICE 软件,计算了不同进口温度、不同旋转速度条件下,大涵道比涡扇发动机转子叶片上不同径向位置处的结冰情况。

我国较早对结/防冰现象进行研究的是南航裘燮纲教授以及北航韩凤华教授,他们开展了大量的飞机结冰基础理论的研究工作,获得了很多有价值的研究成果。早期裘燮纲与余小章利用估算法对防冰问题进行了计算[58],同时韩凤华等[59,60]与常士楠等[61]也利用估算法分别计算了飞机机翼、风挡、天线罩的水滴撞击特性、热载荷等结冰问题。上述工作在工程设计方面有很大的研究价值,但却无法了解结冰的具体过程,也无利用该方法评估结冰对飞机或发动机性能的影响,因此,近年来估算法被逐步替代。我国从 20 世纪 90 年代末开始不断出现有关于结冰计算的研究报道以及文献[58,62-65],这一时期研究人员求解水滴撞击特性通常采用图解法。2000 年以后,更多的科研机构及高校开始采用数值模拟方法进行结冰研究[66-69],此时的研究针对二维翼型结冰开展,包括:水滴撞击特性计算;防冰热载荷计算;对霜冰、混合冰、明冰结冰过程进行数值模拟等[70-72]。在这一时期,蒋胜矩等[72]利用求解不可压缩 N-S 方程的方法来计算空气流场,利用拉格朗日法来计算水滴撞击特性,对 NACA0012 翼型进行结冰数值模拟计算。易贤等[73]求解不可压缩 N-S 方程计算空气流场,利用拉格朗日法来计算水滴撞击特性,对翼型表面霜冰的生长和冰形进行了计算研究。张大林等[66]研究了翼型表面过冷水滴的撞击特性,通过求解 N-S 方程获得空气流场、用欧拉法求解获得过冷水滴运动轨迹。在此基础上,张大林等[74]又对机翼表面雾凇的生长进行了计算研究。陈维建等[75]采用 Messinger 结冰热力学模型,在一定条件下模拟了雾凇和明冰的生长。之后,陈维建[76]对飞机机翼结冰展开了一系列数值模拟研究,并提出了一种分区结冰模型。在这一时期,虽然国内绝大多数研究是针对翼型结冰的,但也有少数学者开展了发动机进气部件结冰的相关研究,比如杨倩等[69,77]采用拉格朗日法对发动机进气道水滴撞击特性开展数值求解,研究了飞行高度、飞行速度、水滴粒径对水滴撞击特性的影响。王世忠[78]求解不可压 N-S 方程得到空气流场,利用欧拉法计算过冷水滴的撞击特性,对航空发动机进口支板的结冰机理和结冰过程进行了研究。胡娅萍[79]开发了结冰计算程序,对发动机进气支板水收集和冰生长进行了模拟,分析了水滴直径、来流速度、液态水含量、环境温度对结冰的影响。从 2010 年开始,国内出现三维结冰研究。易贤等[80]提出了一种三维结冰计算模型,该三维模型是在考虑液态水溢流效应的基础上建立的,该模型有较强的实用性。张强等[81]进行了飞机机翼表面霜冰的三维数值计算研究。常士楠等[82]进行了三维机翼明冰/霜冰的结冰模拟研究。此时的三维结冰研究,主要解决的是三维计算中溢流水的分配问题,研究对象为飞机机翼结冰,一般采用时间单步法计算。时间单步法对霜冰的模拟是可行的,对于结冰时间稍长的明冰模拟误差较大。近些年,对发动机进气旋转件结冰数值研究也逐渐开展起来[83,84]。随着工业界、科研院所对发动机结冰问题重视程度日益增加,国内对三维旋转部件结冰研究开展得越来越多,但是三维旋转部件结冰涉及的物理现象复杂,数值计算处理难度较大,目前虽有一定的研究成果,但是尚无成熟的理论模型以及数值计算方法。

2. 结冰试验研究的发展

从 20 世纪 40 年代开始,美国国家航空咨询委员会(National Advisory Committee for Aeronautics, NACA)就开始了发动机进气部件的地面结冰试验和飞行结冰试验的研究工作[85,86],研究发现,只有在水收集系数较高和发动机功率较低时,发动机进口才会产生严重的结冰现象。为了了解结冰过程和机制,许多欧美发达国家,如美国[87-89]、加拿大[90]、法国[90]、英国[91,92]、意大利[93]等,都斥巨资建造了冰风洞用于结冰试验研究[94-96]。其中美国 IRT 冰风洞、阿诺德工程发展中心(Arnold Engineering Development Center, AEDC)冰风洞、法国的莫当中心冰风洞、意大利的 IWT(Icing Wind Tunnel)冰风洞等,都投入了大量的人力物力进行航空发动机结冰试验研究。在 20 世纪 70~90 年代期间,美国的 AEDC 冰风洞进行了大量关于发动机结冰的冰风洞试验研究,其中 AEDC 的 Bartlett 和 Phares 对防冰系统正常工作时的全尺寸发动机进口进行了冰风洞试验,介绍了试验时所采用的技术以及如何选取该试验条件下的结冰试验参数,说明了如何使用 CFD 方法对试验段中发动机试验模型定位,同时提出了一种发动机模拟装置,该装置可以替代真实发动机在冰风洞中进行结冰试验[97]。Bartlett[98]为了使冰风洞试验中的过冷水滴分布更均匀,同时提高空气流速,提出了一种可以用于模拟高空结冰条件的空气推进系统测试设备。Ashwood[99]详细说明了在结冰条件下,国家燃气轮机研究中心(National Gas Turbine Establishment, NGTE)的高空试验设备测量发动机性能的方法,并给出了测量精度。Papadakis 等[100]对二维的轴对称发动机进口以及三维的 Boeing 737-300

发动机进口进行了冰风洞试验。试验过程中分别测量了两种发动机进口表面的水收集系数。结果发现：流量一定时，随着水滴平均有效直径的增大，水收集系数和水滴撞击区域也会同时增大；水滴平均有效直径不变时，水收集系数会随着发动机进口流量的增大而增大。随后，他们又对发动机 S 形进气道进行了冰风洞试验，重点对过冷水滴撞击特性进行了试验研究[101]，结果显示：在发动机进口处，当过冷水滴平均有效直径在 11~94 μm 时，水滴收集系数随着过冷水滴的减小而减小；当水滴平均有效直径一定时，水滴收集系数随着进口表面捕获面积比的减小而减小。Luttrell 等[102]对 F－22 飞机发动机进口全尺寸模型以及 S 形进气道全尺寸模型进行了冰风洞试验，结冰试验模拟了真实的结冰条件以及“吸入”冰颗粒的过程，研究发现：进气道的内侧壁堆积了大量的冰颗粒，进气道底部堆积的冰颗粒平均尺寸约为顶部颗粒大小的两倍。Acker 等[103]对发动机进口进行的结冰试验研究表明：结冰现象会造成发动机气动性能降低、推力下降以及功率损失。当 LWC 为 0.9 g/m³ 时，发动机尾喷管温度增加了 160°F①，推力下降了 26%，在该条件下的结冰对发动机的性能影响最为显著；压气机进口导向叶片结冰也会影响发动机的性能。通过 Ranaudo 等[104]的结冰试验研究发现：对于发动机推力，明冰比霜冰产生的影响更为恶劣。Belz 等[105]通过使用高灵敏度的视频图像系统，观察了工作中涡扇发动机的风扇叶片和整流帽罩的结冰现象以及冰脱落现象。通过上述研究，科研人员逐渐掌握了发动机进气唇口、进口支板等部件的结冰规律，并采取了一定的防冰措施。

结冰试验相似准则是冰风洞试验的理论基础，尤其对于中小型冰风洞，必须将部件进行缩比后方可开展试验，因此相似准则是保证冰风洞试验成败的一个关键因素。20 世纪 80~90 年代到 21 世纪初，欧美发达国家对结冰相似理论开展了大量研究。首先是对结冰的各个相似过程和相似方程进行了卓有成效的理论和试验研究。Ruff[106]提出流场相似和水滴运动轨迹相似在结冰相似中起到很重要的作用，并通过大量的实验数据证实了这一结论。Saeed 等[107,108]验证了一系列结冰相似方程，这些相似方程对于扩大结冰风洞的试验模拟范围、指导结冰试验的研究以及防除冰系统研制具有重要意义。其次，对比不同相似准则，并对相似准则进行改进，研究准则的适用性。Anderson[109]发现 LWC×t = constant 准则没有考虑热平衡相似，因此只有在霜冰工况能够得到理想的冰形；Olsen 对 LWC×t = constant 准则进行了改进，改进之处在于增加了冻结系数匹配，虽然计算温度时比 LWC×t = constant 准则麻烦，但是在 LWC 变化时能够得到更准确的冰形[110]。Anderson 等[109,111-114]在 NASA 的冰风洞 IRT 中分别在霜冰、明冰和混合冰的结冰条件下，对三种结冰试验相似准则[（LWC×t）为常值结冰相似准则、Swedish-Russian 结冰相似准则和

---

① 160 °F ≈ 71.1℃。

ONERA 结冰相似准则]的有效性进行评估,发现在结霜冰的条件下,这些准则可以在缩比和全尺寸试验模型上得到相似的冰形;对于结明冰和混合冰条件,三种准则在缩比模型和全尺寸模型的结果存在一定的误差,证实了结冰热平衡在相似准则中的重要性。Anderson 的这项工作对明冰相似试验准则研究具有非常重要的意义。再次,通过对准则的对比和改进,得到了一系列可靠性较高、工程实用的相似准则。其中非常有代表性的是 Ruff[115] 将相似参数 K_0、A_c、n_0、b、θ、φ 系统地综合起来,先后提出了四种结冰相似准则,分别为 Ruff-1、Ruff-2、Ruff-3 和 Ruff-4 结冰相似准则,其中 Ruff-4 准则就是比较著名的 AEDC 结冰相似准则。NASA 研究表明[114,115],用 AEDC 相似准则计算缩比模型参数,无论全尺寸模型结冰类型是霜冰、明冰还是混合冰,都能在缩比模型上得到和全尺寸模型上相似的冰形。但是 AEDC 准则的不足在于根据准则确定的压力值可能会超出风洞的运行能力,因此需要对模型尺寸或者来流速度作出调整以保证各参数都在风洞的运行范围内。随着研究的深入,学者们开始关注过冷大水滴(SLD)的相似理论[116,117],研究 SLD 的相似理论时,韦伯数是一个必须要考虑的相似参数。Bilanin 等[118,119] 最先指出水滴撞击水膜的动力学效应是不能忽略的,并提出了一个基于韦伯数的相似方法,Bilanin 等[118,119] 给出了两种韦伯数的计算方法,一种方法基于液滴直径和水的属性,另一种则基于模型尺寸和空气属性。第三种韦伯数的计算方法是由 Kind 等[120] 提出,他认为韦伯数的计算应该基于前缘水膜厚度和空气属性。目前,对于哪种韦伯数的计算方法更合适,尚没有统一的结论。近年来,SLD 相似理论研究开展得较多[121,122],主要是采用试验来验证哪种匹配方式能更好地反映原尺寸模型上的结冰冰形。上述相似准则研究主要针对静止部件展开,并且在工程中得到了很好的应用。而发动机结冰试验中,不仅需要对静止部件进行试验,而且需要对旋转部件进行试验。从查阅到的文献看,发动机进气旋转部件的相似试验比较少,仅对于旋翼这种旋转部件的结冰开展了一定的研究。20 世纪 80 年代法国航空航天研究院(ONERA)的 Guffond[123] 在 S1MA 风洞对四分之一缩比的旋翼进行了结冰和除冰试验,虽然试验得到的数据非常有限,没有很强的实用价值,但是研究者却看到了缩比试验的应用前景,于是 NASA[124,125] 刘易斯研究中心联合大学和工业界共同承担了验证对旋转系统获得有效结冰数据方法的旋翼模型测试技术项目,进行了六分之一缩比的 UH-60A 黑鹰直升机结冰试验,结果表明试验的重复性好,试验结果质量高。近年来,比较有代表性的工作是 NASA 格林研究中心的 Tsao 等[126] 采用 Ruff 准则结合韦伯数匹配计算缩比速度的方法,在 NASA 格林结冰风洞(IRT)中对截面翼型为 NACA0012 的旋翼进行的结冰试验,获得了理想的缩比后冰形。

我国在结冰试验研究方面,1999 年武汉航空仪表厂建立了第一座小型结冰风洞,主要用于各种航空仪表的结冰、防除冰模拟及试验验证,由于风洞尺寸的限制,无法用于大型部件的结冰试验研究[127]。最近的十几年,我国在结冰试验设施方面发展迅速。目前,中国空气动力研究与发展中心、武汉航空仪表有限公司、中国航空工业空气动力研究院、沈阳发动机设计研究所、中国飞机强度研究所等单位相继建成了多座冰风洞以及气候室。其中具有代表性的是坐落于中国空气动力研究与发展中心的 3 m×2 m 的大型冰风洞。随着冰风洞的建成,结冰/防冰的试验研究也逐渐增加,相应的进气部件结冰、防冰试验研究也越来越普遍[128-130]。在发展冰风洞的同时,国内研究者也开展了结冰相似准则的研究。中国空气动力与研究发展中心在结冰相似准则方面开展了大量的工作并提出了新的相似参数和相似准则,其中非常有代表性的是易贤[131]通过将 ONERA 准则引入对压力的约束,建立了考虑冰脱落特性的相似准则,克服了 ONERA 准则和 AEDC 准则的一些不足;周志宏等[132]在常规结冰相似准则研究基础上引入韦伯数相似和水滴飞溅相似,建立了考虑水滴动力学效应的结冰试验相似准则;易贤等[133]考虑相变时间效应的基础上提出一个新的相似参数 CT,避免了压力与速度选取的随意性。这些工作为静止部件的冰风洞试验奠定了坚实的理论基础。此外,西北工业大学[134]、北京航空航天大学[135,136]、上海交通大学[137]等也都对结冰相似准则开展了研究。

1.4　本 章 小 结

本章首先论述了发动机结冰的基本概念以及结冰对发动机造成的危害,之后从数值模拟、试验研究两个方面综述了国内外在过冷水滴导致的结冰领域的研究进展,可以看出近年来国内在结冰研究领域无论是结冰研究的硬件设施还是计算分析能力都有了长足的进步,并且发展迅速。

参考文献

[1]　裘燮纲,韩凤华.飞机防冰系统[M].北京:航空专业教材编审组,1985.

[2]　特里·T.兰克福德.飞机结冰[M].黎先平,等译.上海:上海交通大学出版社,2020.

[3]　FAA. Turbojet, turboprop, turboshaft and turbofan engine induction system icing and ice ingestion[R]. AC 20-147A, 2014.

[4]　Messinger B L. Equilibrium temperature of an unheated icing surface as a function of air speed [J]. Journal of the Aeronautical Sciences, 1953,20(1): 29-42.

[5]　Bragg M B, Gregorek G M. An analytical evaluation of the icing properties of several low and medium speed airfoils[R]. AAIA-1983-0109,1983.

[6]　Bragg M B. Effect of geometry on airfoil icing characteristics[J]. Aircraft, 1984, 21(7): 505-511.

[7]　Bragg M B. Predicting rime ice accretion on airfoil[J]. Aircraft, 1985, 23(3): 381-387.

[8]　Pasi M R, Singh S N, Zou L. Determination of the local heat transfer characteristics on simulated smooth glaze ice accretion on a NACA0012 airfoil[R]. AIAA-88-0292,1988.

[9] Al-Khalil K M, Keith Jr T G, De Witt K J, et al. Thermal analysis of engine inlet anti-icing systems[R]. AIAA − 89 − 0759, 1989.

[10] Bidwell C S, Mohler S R. Collection efficiency and ice accretion calculations for a sphere, a swept MS(1) − 317 wing, a swept NACA − 0012 wing tip, and axisymmetric inlet, and a Boeing 737 − 300 inlet[R]. AIAA − 95 − 0755, 1995.

[11] Norment H G. Calculation of water droplet trajectories to and about arbitrary three dimensional bodies in potential airflow[R]. NASA/CR − 3291, 1980.

[12] Kim J J. Particle trajectory computation on a 3 − D engine inlet[R]. NASA/CR − 175023, 1986.

[13] Ruff G A, Berkowitz B M. User's manual for the NASA Lewis ice accretion prediction code (LEWICE)[R]. NASA /CR − 185129, 1990.

[14] Mingione G, Brandi V, Esposito B. Ice accretion prediction on multi-element airfoils [R]. AIAA − 1997 − 0177, 1997.

[15] Potapczuk M G, Gerhart P M. Progress in development of a Navier-Stokes solver for evaluation of iced airfoil performance[R]. AIAA − 85 − 0410, 1985.

[16] Croce G, Beaugendre H, Habashi W G. CHT3D: FENSAP-ICE conjugate heat transfer computations with droplet impingement and runback effects[R]. AIAA − 2002 − 0386, 2002.

[17] Paraschivoiu I, Saeed F. Aircraft icing[M]. New York: John Wiley & Sons, INC, 2005.

[18] Brun R J, Mergler H W. Impingement of water droplets on a cylinder in an incompressible flow field and evaluation of rotating multi-cylinder method for measurement of droplet-size distribution, volume-median droplet size, and liquid water content in clouds[R]. NACA TN 2904, 1953.

[19] Dorsh R G, Saper P G, Kadow C F. Impingement of water droplet on sphere[R]. NACA TN 3587, 1955.

[20] Maltezos D G, Osonitsch C, Shaw R J, et al. Particle trajectory computer program for icing analysis of axisymmetric bodies(a progress report)[R]. AIAA − 1987 − 0027, 1987.

[21] Caruso S C. LEWICE droplet trajectory calculations on a parallel computer [R]. AIAA − 1993 − 0172, 1993.

[22] Bourgault Y, Habashi W G, Dompierre J, et al. An Eulerian approach to supercooled droplets impingement calculations[R]. AIAA − 1997 − 0176, 1997.

[23] Tong X L, Luke E A. Eulerian simulations of icing collection efficiency using a singularity diffusion model[R]. AIAA − 2005 − 1246, 2005.

[24] Iuliano E, Brandi V, Mingione G, et al. Water impingement prediction on multi-element airfoils by means of Eulerian and Lagrangian approach with viscous and inviscid air flow[R]. AIAA − 2006 − 1270, 2006.

[25] Bidwell C S. Collection efficiency and ice accretion calculations for a Boeing 737 − 300 inlet [R]. NASA/TM − 107347, 1996.

[26] Farag K A, Bragg M B. Three dimensional droplet trajectory code for propellers of arbitrary geometry[R]. AIAA − 1998 − 0197, 1998.

[27] Nathman J K, McComas A. Icing collection efficiency from direct simulation[R]. AIAA − 2007 − 0505, 2007.

[28] Wright W B. Validation results for LEWICE3. 0[R]. NASA/CR - 2005 - 213561, 2005.

[29] Hedde T, Guffond D. Development of a three-dimensional icing code, comparison with experimental shapes[R]. AIAA - 1992 - 0041, 1992.

[30] Wright W B, Gent R W, Guffond D. DRA/NASA/ONERA collaboration on icing research part II - prediction of airfoil ice accretion[R]. NASA CR - 202349, 1997.

[31] Saeed F. State-of-the-Art aircraft icing and anti-icing simulation[J]. ARA Journal, 2002, 2000 - 2002: 25 - 27.

[32] Mingione G, Brandi V, Esposito B. Ice accretion prediction on multi-element airfoils[R]. AIAA - 1997 - 0177, 1997.

[33] Bourgault Y, Habashi W G, Beaugendre H. Development of a shallow water icing model in FENSAP-ICE[R]. AIAA - 1999 - 0246, 1999.

[34] Myers T G, Charpin J P F, Thompson C P. Slowly accretion ice due to supercooled water impacting on a cold surface[J]. Physics of Fluids, 2002, 14(1): 240 - 256.

[35] Myers T G, Hammond D W. Ice and water film growth from incoming supercooled droplets [J]. International Journal of Heat and Mass Transfer, 1999, 42: 2233 - 2242.

[36] Myers T G. An extension to the Messinger model for aircraft icing[J]. AIAA Journal, 2001, 39(2): 211 - 218.

[37] Olsen W. Close-up movies of the icing process on the leading edge of an airfoil[R]. NASA Lewis Research Center Movie C - 313, 1985.

[38] Hansman R J, Breuer K S, Hazan D, et al. Close-up analysis of aircraft ice accretion[R]. AIAA - 1993 - 0029, 1993.

[39] Olsen W, Walker E. Experimental evidence for modifying the current physical model for ice accretion on aircraft surface[R]. NASA TM - 87184, 1986.

[40] Hansman R J Jr. Analysis of surface roughness generation in aircraft ice accretion[R]. AIAA - 1992 - 0298, 1992.

[41] Anderson D N, Shin J. Characterization of ice roughness from simulated icing en counters[R]. AIAA - 1997 - 0052, 1997.

[42] Fortin G, Ilinca A, Jean-Louis L, et al. Prediction of 2D ice accretion by bisection method and by rivulets and beads modeling[R]. AIAA - 2003 - 1076, 2003.

[43] Wright W B, Bidwell C S. Additional improvements to the NASA Lewis ice accretion code LEWICE[R]. AIAA - 1995 - 0752, 1995.

[44] Rothmayer A P. On the creation of ice surface roughness by interfacial instabilities[R]. AIAA - 2003 - 0972, 2003.

[45] Tsao J C, Rothmayer A P. A mechanism for ice roughness formation on an airfoil leading edge contributing to glaze ice accretion[R]. AIAA - 1998 - 0485, 1998.

[46] Tsao J C, Rothmayer A P. Triple-desk simulation of surface glaze ice accretion[R]. AIAA - 2000 - 0234, 2000.

[47] Hedde T, Guffond D. Improvement of the ONERA 3D icing code, comparison with 3D experimental shapes[R]. AIAA - 1993 - 0169, 1993.

[48] Gent R W. TRAJICE2 - A combined water droplet trajectory and ice accretion prediction program for aerofoil[R]. DRA Technical Report TR90054, 1990.

[49] Bourgault Y, Habashi H G. Development of a shallow water icing model in FENSAP-ICE[J]. Journal of Aircraft, 2000, 37(4): 640-646.

[50] Dezitter F, Chene G, Viala S, et al. 3D ice accretion and aerodynamic penalties prediction on aircraft[R]. AIAA-2003-3833, 2003.

[51] Mingione G, Brandi V, Saporiti A. A 3D ice accretion simulation code[R]. AIAA-1999-0247, 1999.

[52] Tran P, Brahimi M T, Tezok F, et al. Numerical simulation of ice accretion on multiple element configurations[R]. AIAA-1996-0869, 1996.

[53] Tran P, Brahimi M T, Paraschivoiu I, et al. Ice accretion on aircraft wings with thermodynamic effects[R]. AIAA-1994-0605, 1994.

[54] Potapczuk M G, Bidwell C S. Numerical simulation of ice growth on a MS-317 swept wing geometry[R]. AIAA-1991-0263, 1991.

[55] Eberhardt S, Kim B, Ok H, et al. BUWICE-an interactive icing program applied to engine inlets[R]. AIAA-1992-3179, 1992.

[56] Lee S, Loth E, Broeren A, et al. Simulation of icing on a cascade of stator blades[R]. AIAA-2006-0208, 2006.

[57] Das K, Hamed A, Basu D. Ice shape prediction for turbofan rotating blades[R]. AIAA-2006-0209, 2006.

[58] 裘燮纲, 余小章. 微引射防冰腔热力计算[J]. 航空学报, 1994, 15(9): 1110-1113.

[59] 韩凤华, 左颜声, 李东亮. 飞机风挡防冰热载荷计算[J]. 航空学报, 1995, 16(1): 33-37.

[60] 韩凤华, 张朝民, 王跃欣. 飞机机翼表面水滴撞击特性计算[J]. 北京航空航天大学学报, 1995, 21(3): 16-21.

[61] 常士楠, 王长和, 韩凤华. 飞机天线罩结冰情况研究[J]. 航空学报, 1997, 18(4): 423-426.

[62] 熊贤鹏, 韩凤华. 风挡防冰表面温度场计算[J]. 北京航空航天大学学报, 1997, 23(5): 606-609.

[63] 韩凤华, 常士楠, 王长和, 等. 某型飞机天线罩防冰装置的性能验证[J]. 航空学报, 1999, 20(s): 87-89.

[64] 常士楠, 韩凤华. 飞机发动机进气道前缘热气防冰器性能分析[J]. 北京航空航天大学学报, 1999, 25(2): 201-203.

[65] 韩凤华, 温文彪, 梅志光. 计算机仿真在飞机结冰研究中的应用[J]. 计算机工程与应用, 1996(3): 30-32.

[66] 张大林, 杨曦, 昂海松. 过冷水滴撞击结冰表面的数值模拟[J]. 航空动力学报, 2003, 18(1): 87-91.

[67] 易贤, 朱国林. 考虑传质传热效应的翼型积冰计算[J]. 空气动力学学报, 2004, 22(4): 490-493.

[68] 何治, 常士楠, 袁修干. 悬停状态下直升机旋翼水滴撞击特性研究[J]. 北京航空航天大学学报, 2003, 29(11): 1055-1058.

[69] 杨倩, 常士楠, 袁修干. 水滴撞击特性的数值计算方法研究[J]. 航空学报, 2002, 23(2): 173-176.

[70] 卜雪琴, 林贵平, 彭又新, 等. 防冰热载荷计算的一种新方法[J]. 航空学报, 2006(2):

208 - 212.

[71] 陈维建,张大林.瘤状冰结冰过程的数值模拟[J].航空动力学报,2005,20(3):472 - 476.

[72] 蒋胜矩,李凤蔚.基于 N - S 方程的翼型结冰数值模拟[J].西北工业大学学报,2004, 22(5):559 - 562.

[73] 易贤,朱国林,王开春,等.翼型积冰的数值模拟研究[J].空气动力学报,2002,20(4): 428 - 433.

[74] 张大林,陈维建.飞机机翼表面霜状冰结冰过程的数值模拟[J].航空动力学报,2004, 19(1):138 - 141.

[75] 陈维建,张大林.飞机机翼结冰过程的数值模拟[J].航空动力学报,2005,20(6): 1010 - 1017.

[76] 陈维建.飞机机翼结冰的数值模拟研究[D].南京:南京航空航天大学,2007.

[77] 杨倩,常士楠,袁修干.发动机进气道水滴撞击特性分析[J].北京航空航天大学学报, 2002,28(3):362 - 365.

[78] 王世忠.航空发动机进口支板的积冰机理和数值模拟研究[D].南京:南京航空航天大学,2003.

[79] 胡娅萍.航空发动机进口部件积冰的数值模拟研究[D].南京:南京航空航天大学,2008.

[80] 易贤,桂业伟,朱国林.飞机三维结冰模型及其数值求解方法[J].航空学报,2010, 31(11):2152 - 2158.

[81] 张强,曹义华,钟国.飞机机翼表面霜冰的三维数值模拟[J].航空动力学报,2010,25(6): 1303 - 1309.

[82] 常士楠,苏新明,邱义芬.三维机翼结冰模拟[J].航空学报,2011,32(2):212 - 222.

[83] 菅锦锦.水膜吹离/甩脱模型及积冰过程的数值研究[D].南京:南京航空航天大学, 2018.

[84] 陈宁立.旋转表面薄水膜流动与积冰预测方法及积冰试验研究[D].南京:南京航空航天大学,2018.

[85] Essex H A, Zlotowski E D, Ellisman C. Investigation of ice formation in the induction system of an aircraft engine Ⅰ - ground tests[R]. NACA MR - E6B28, 1946.

[86] Essex H A, Ellisman C, Zlotowski E D. Investigation of ice formation in the induction system of an aircraft engine Ⅱ - flight tests[R]. NACA MR - E6E16, 1946.

[87] Al-Khalil K, Salamon L. Development of the COX & Company icing research facility[R]. AIAA - 1998 - 0097, 1998.

[88] Soeder R H, Sheldon D W, Andracchio C R, et al. NASA Lewis icing research tunnel user manual[R]. NASA TM - 107159, 1996.

[89] Herman E. Goodrich icing wind tunnel overview, improvements and capabilities[R]. AIAA - 2006 - 0862, 2006.

[90] 安东诺夫 A H,阿克谢诺夫 H K,戈里亚切夫 A B,等.航空燃气涡轮发动机防冰系统设计原理和试验方法[R].俄罗斯中央航空发动机研究院,2001.

[91] Gent R G, Ford J M, Moser R J. Results from super-cooler large droplet mass loss tests in the ACT Luton icing wind tunnel[R]. AIAA - 2003 - 0389, 2003.

[92] Hammond D W, Luxford G. The Cranfield university icing tunnel[R]. AIAA - 2003 - 0901,

2003.

[93]　Vecchione L, De Matteis P P, Leone G. An overview of the CIRA icing wind tunnel[R]. AIAA - 2003 - 0900, 2003.

[94]　Wendisch M, Garrett T J, Strapp J W. Wind tunnel tests of the airborne PVM - 100A response to large droplets[J]. Journal of Atmospheric and Oceanic Technology, 2002,19(10): 1577 - 1584.

[95]　王宗衍. 美国冰风洞概览[J]. 航空科学技术, 1997(3): 45 - 47.

[96]　Guffond D P, Cassaing J J, Brunet L S. Overview of icing research at ONERA[C]. Reno: 23rd Aerospace Sciences Meeting, 1985.

[97]　Bartlett C S, Phares W J. Icing testing of a large full-scale inlet at the Arnold Engineering Development Center[R]. AIAA - 1993 - 0299, 1993.

[98]　Bartlett C S. Icing test capabilities in the aero propulsion system test facility at the Arnold Engineering Development Center[R]. AIAA - 1994 - 2471, 1994.

[99]　Ashwood P F. An altitude test facility for large turbofan engines[R]. AIAA - 1072 - 1069, 1972.

[100]　Papadakis M, Elangovan R, Freund G A Jr, et al. Experimental water droplet impingement data on two-dimensional airfoils, axisymmetric inlet and Boeing 737 - 300 engine inlet[R]. AIAA - 1987 - 0097, 1987.

[101]　Papadakis M, Kuohsing E H, Vu G T, et al. Experimental investigation of water droplet impingement on airfoil, finite wings, and s-duct engine inlet[R]. NASA TM - 2002 - 211700, 2002.

[102]　Luttrell J, West T. F - 22 inlet shed ice particle sizing test[R]. AIAA - 2001 - 0091, 2001.

[103]　Acker L W, Kleinknecht K S. Effect of inlet icing on performance of axial-flow turbojet engine in natural icing conditions[R]. NACA RM - E50C15, 1950.

[104]　Ranaudo R J, Mikkelsen K L, Mcknight R C, et al. Performance degradation of a typical twin engine commuter type aircraft in measured natural icing conditions[R]. AIAA - 1984 - 0179, 1984.

[105]　Belz R A, Brasier C W, Murphy P J, et al. A turbine engine inlet viewing system[R]. AIAA - 1986 - 1647, 1986.

[106]　Ruff G A, Anderson D N. Quantification of ice accretions for icing scaling evaluations[C]. Reno: 36th AIAA Aerospace Sciences Meeting and Exhibit, 1998.

[107]　Saeed F, Selig M, Bragg M B. Design of subscale airfoils with full-scale leading edges for ice accretion testing[J]. Aircraft, 1997, 34(1): 94 - 100.

[108]　Saeed F, Selig M, Bragg M B. Experimental validation of the hybrid airfoil design procedure for full-scale ice accretion simulation[R]. AIAA - 98 - 0199, 1998.

[109]　Anderson D N. Rime-, Mixed- and Glaze-Ice evaluations of three scaling laws[C]. Reno: 32nd Aerospace Sciences Meeting and Exhibit, 1994.

[110]　Anderson D N. Methods for scaling icing test conditions[C]. Reno: 33rd Aerospace Sciences Meeting and Exhibit, 1995.

[111]　Anderson D N. Further evaluation of traditional icing research tunnel validation studies[C]. Reno: AIAA 34th Aerospace Sciences Meeting and Exhibit, 1996.

[112] Canacci V A, Gonsalez J C, Spera D A. Scale model icing research tunnel validation studies [C]. Reno: 36th AIAA Aerospace Sciences Meeting and Exhibit, 1998.

[113] Anderson D N, Ruff G A. Evaluation of method to select scale velocities in icing scaling test [C]. Reno: 37th AIAA Aerospace Sciences Meeting and Exhibit, 1999.

[114] Anderson D N. Manual of scaling methods[R]. NASA/CR − 2004 − 212875,2004.

[115] Ruff G A. Verification and application of the icing scaling equations[R]. AIAA − 86 − 0481, 1986.

[116] Anderson D N. A preliminary study of ice- accretion scaling for SLD condition[C]. Reno: 40th Aerospace Sciences Meeting and Exhibit, 2002.

[117] Anderson D N, Tsao J C. Ice shape scaling for aircraft in SLD conditions[R]. NASA/CR − 2008 − 215302,2008.

[118] Bilanin A J, Anderson D N. Ice accretion with varying surface tension[C]. Reno: 33rd Aerospace Sciences Meeting and Exhibit, 1995.

[119] Bilanin A J. Proposed modifications to ice accretion/icing scaling theory[J]. Journal of Aircraft, 1991,28(6): 353 − 359.

[120] Kind R J, Dillonf T, Gaydos J A. Evidence for importance of scaling viscous effects in the water film in glaze icing tests[R]. AIAA − 98 − 0196,1998.

[121] Rocco E T, Han Y, Palacios J, et al. Super-cooled large droplet ice accretion reproduction and scaling law validation[C]. Washington: 8th AIAA Atmospheric and Space Environments Conference, 2016.

[122] Tsao J C. Additional results of glaze icing scaling in SLD conditions[C]. Washington: 8th AIAA Atmospheric and Space Environments Conference, 2016.

[123] Guffond D P. Icing and deicing test on a ¼ scale rotor in the ONERA SIMA wind tunnel [C]. Reno: AIAA 24th Aerospace Science Meeting, 1986.

[124] Britton R K, Bond T H. A review of ice accretion data from a model rotor icing test and comparison with theory[C]. Reno: 29th Aerospace Sciences Meeting, 1991.

[125] Flemming R J, Stratford C T, Bond T H, et al. Results of a sub-scale model rotor icing test [C]. Reno: 29th Aerospace Sciences Meeting,1991.

[126] Tsao J C, Kreeger R E. Evaluation of scaling methods for rotorcraft icing[R]. NASA/TM − 2010 − 215801,2010.

[127] 王宗衍. 冰风洞与结冰动力学[J]. 制冷学报,1999(4): 15 − 17.

[128] 董威,朱剑鋆,周志翔,等. 航空发动机支板滑油防冰性能试验[J]. 航空学报,2014, 35(7): 1845 − 1853.

[129] 胡娅萍,吉洪湖,王健,等. 锥角对旋转整流罩积冰影响的模拟实验[J]. 航空动力学报, 2014(3): 495 − 503.

[130] 王健,胡娅萍,吉洪湖,等. 旋转整流罩积冰生长与脱落过程的实验[J]. 航空动力学报, 2014,29(6): 1352 − 1357.

[131] 易贤. 飞机积冰数值计算域积冰试验相似准则研究[D]. 绵阳: 中国空气动力研究与发展中心,2007.

[132] 周志宏,易贤,桂业伟,等. 考虑水滴动力学效应的结冰试验相似准则[J]. 实验流体力学,2016,30(2): 20 − 25.

[133] 易贤,周志宏,杜雁霞,等.考虑相变时间效应的结冰试验相似参数[J].实验流体力学, 2016,30(2):14-19.

[134] 张丽芬,张美华,吴丁毅,等.旋转帽罩结冰相似准则的研究[J].推进技术,2015,36(8): 1164-1169.

[135] 常士楠,洪海华,张玉珠.结冰模拟与 AEDC 方法有效性的验证[J].北京航空航天大学 学报,2009,35(6):692-696.

[136] 盛强,邢玉明,何超.一种结冰相似准则分析方法及数值验证[J].黑龙江大学自然科学 学报,2009,26(3):412-416.

[137] 董威,石中均,赵秋月.防冰部件水撞击特性试验相似准则分析[C].贵阳:中国航空学 会第七届动力年会,2010.

第2章

过冷水滴结冰的计算方法

2.1 结冰数值模拟概述

结冰的研究方法主要包括数值模拟方法和试验研究方法。相比于试验研究方法,数值模拟方法更易于实施和操作。随着计算机性能的提高,数值模拟在发动机及飞机结冰的研究中发挥着越来越大的作用。结冰数值模拟通过对实际问题进行合理简化、建立数学模型、采用数值方法计算各种气象条件下的结冰过程,获得结冰的冰形和结冰质量,同时可对结冰后的气动特性进行分析。

过冷水滴结冰数值模拟方法,基本思路可以总结为四步:

(1)空气-水滴两相流场计算。通过两相流场计算获得空气流场的速度压力分布[1],以及水滴的运动轨迹;

(2)水滴撞击特性计算。通过水滴撞击特性计算获得物体表面的水滴撞击特性,得到表面水滴收集系数和撞击极限[2-5];

(3)结冰计算。在流场计算和水滴撞击特性计算的基础上,根据热力学第一定律,求解物体表面传热相变的结冰模型,得到表面温度分布和液态水的冻结比例,从而确定出表面结冰的类型和形状,进行结冰过程研究[6-10];

(4)外形的重构。根据不同位置的结冰量重新构建物体的外形。

结冰是一个动态的过程,当结冰时间不是很长,结冰量不是很大时,可以采用上述四步一次获得冻结的冰形,这种方法称为单步法,如图 2-1 所示。对于结冰时间较长,外形变化很大的情况,尤其对于明冰工况,则需要将总时间分成若干个小的时间段,一个时间段、一个时间段地向前推进,这种方法称为多步法。多步法考虑了固体结构的变形引起的流场变化,更接近真实的物理过程,适合于结冰时间较长的明冰计算。多步法的计算流程如图 2-2 所示。

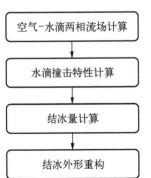

图 2-1 单步法计算流程

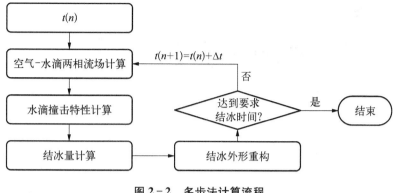

图 2 - 2　多步法计算流程

2.2　空气-水滴两相流计算

结冰的流场计算是包含空气和水滴的两相流场计算,目前常用的方法有欧拉-拉格朗日法和欧拉-欧拉法。空气场的描述一般采用欧拉法,而水滴场的描述则可以采用拉格朗日法或者欧拉法。两种方法各有利弊,在结冰流场计算中都比较常见。早期的结冰流场计算都是采用拉格朗日法描述水滴的运动轨迹,该方法物理意义明确,对于二维或者简单的表面计算容易实现,随着结冰研究的深入,需要考虑复杂三维表面的结冰,逐渐出现了欧拉法计算水滴的撞击特性,由于欧拉法是基于连续介质假设的,使用是有条件的,当水滴粒径过大,或者含量过低的时候,有可能不再满足连续介质假设,便不能再用欧拉法。

结冰条件下,水滴的质量分数约为 10^{-3} 量级,一般认为质量分数小于 0.1 时,两相流计算可以采用单向耦合[11]。因此水滴运动轨迹的计算无论采用拉格朗日法还是欧拉法,都可以采用单向耦合,即空气场的计算是独立的,在空气场计算的基础上,计算水滴的运动轨迹和撞击特性。

2.2.1　空气场计算

对于发动机而言,气体的黏性是不可忽略的,因此空气场计算采用考虑黏性的 N - S 方程。

1. 连续方程

$$\frac{\partial \rho}{\partial t} + \nabla \cdot (\rho V) = 0 \qquad (2-1)$$

式中,ρ 为流体微元密度,单位为 kg · m^{-3};V 为流体微元的速度矢量,单位为 m · s^{-1}。

2. 动量方程

$$\frac{\partial(\rho u)}{\partial t} + \nabla \cdot (\rho u \boldsymbol{V}) = -\frac{\partial p}{\partial x} + \frac{\partial \tau_{xx}}{\partial x} + \frac{\partial \tau_{yx}}{\partial y} + \frac{\partial \tau_{zx}}{\partial z} + \rho F_x \qquad (2-2a)$$

$$\frac{\partial(\rho v)}{\partial t} + \nabla \cdot (\rho v \boldsymbol{V}) = -\frac{\partial p}{\partial y} + \frac{\partial \tau_{xy}}{\partial x} + \frac{\partial \tau_{yy}}{\partial y} + \frac{\partial \tau_{zy}}{\partial z} + \rho F_y \qquad (2-2b)$$

$$\frac{\partial(\rho w)}{\partial t} + \nabla \cdot (\rho w \boldsymbol{V}) = -\frac{\partial p}{\partial z} + \frac{\partial \tau_{xz}}{\partial x} + \frac{\partial \tau_{yz}}{\partial y} + \frac{\partial \tau_{zz}}{\partial z} + \rho F_z \qquad (2-2c)$$

式中，p 为流体微元上的压力，单位为 Pa；F_x、F_y、F_z 为流体微元上的体积力，对于诸如风扇的流场，此处为科里奥利力；τ_{xx}、τ_{yx}、τ_{zx}、τ_{xy}、τ_{yy}、τ_{zy}、τ_{xz}、τ_{yz}、τ_{zz} 为流体微元表面上的黏性应力分量，单位为 Pa。

3. 能量方程

$$\begin{aligned}
&\frac{\partial}{\partial t}\left[\rho\left(e + \frac{V^2}{2}\right)\right] + \nabla \cdot \left[\rho\left(e + \frac{V^2}{2}\right)\boldsymbol{V}\right] \\
&= \rho\dot{q} + \frac{\partial}{\partial x}\left(k\frac{\partial T}{\partial x}\right) + \frac{\partial}{\partial y}\left(k\frac{\partial T}{\partial y}\right) + \frac{\partial}{\partial z}\left(k\frac{\partial T}{\partial z}\right) - \frac{\partial(up)}{\partial x} - \frac{\partial(vp)}{\partial y} - \frac{\partial(wp)}{\partial z} \\
&+ \frac{\partial(u\tau_{xx})}{\partial x} + \frac{\partial(u\tau_{yx})}{\partial y} + \frac{\partial(u\tau_{zx})}{\partial z} + \frac{\partial(v\tau_{xy})}{\partial x} + \frac{\partial(v\tau_{yy})}{\partial y} + \frac{\partial(v\tau_{zy})}{\partial z} \\
&+ \frac{\partial(w\tau_{xz})}{\partial x} + \frac{\partial(w\tau_{yz})}{\partial y} + \frac{\partial(w\tau_{zz})}{\partial z} + \rho\boldsymbol{F} \cdot \boldsymbol{V}
\end{aligned} \qquad (2-3)$$

式中，$V^2 = u^2 + v^2 + w^2$，表示各方向速度大小平方和；e 为流体微元内能，$e = c_v T$；k 为流体导热系数；c_v 为流体定容比热容，单位为 $J \cdot kg^{-1} \cdot K^{-1}$；$\dot{q}$ 为内热源，单位为 $J \cdot kg^{-1}$；$\boldsymbol{F}$ 为体积力。

4. 湍流模型

常用的基于黏性假设的湍流模型有零方程模型、一方程模型和两方程模型。零方程模型包括 Cebeci-Smith 提出的 C-S 模型；Baldwin-Lomax 提出的 B-L 模型，这类模型中黏性系数与时均值的关系仅采用代数关系式来描述；一方程模型不需要考虑长度尺度的求解，仅需要求解湍流黏性的输运方程，例如 S-A（Spalart-Allmaras）模型是相对简单、应用广泛的一方程模型；两方程模型需要求解速度和长度尺度两个变量，例如标准 $k-\varepsilon$ 模型，通过精确的方程推导得到湍动能输运方程，通过物理方法推导出耗散率。

两方程 $k-\varepsilon$ 模型是工程中流场计算使用较为广泛的湍流模型，标准 $k-\varepsilon$ 模型多用于高雷诺数湍流的计算，大量的试验数据已经证实标准 $k-\varepsilon$ 湍流模型的准确性与可靠性。标准 $k - \varepsilon$ 湍流模型方程如下：

$$\frac{\partial(\rho k)}{\partial t} + \frac{\partial(\rho k u_i)}{\partial x_i} = \frac{\partial}{\partial x_j}\left[\left(\mu + \frac{\mu_t}{\sigma_k}\right)\frac{\partial k}{\partial x_j}\right] + G_k + G_b - \rho\varepsilon - Y_M$$

$$\frac{\partial(\rho\varepsilon)}{\partial t} + \frac{\partial(\rho\varepsilon u_i)}{\partial x_i} = \frac{\partial}{\partial x_j}\left[\left(\mu + \frac{\mu_t}{\sigma_\varepsilon}\right)\frac{\partial\varepsilon}{\partial x_j}\right] + C_{1\varepsilon}\frac{\varepsilon}{k}(G_k + C_{3\varepsilon}G_b) - C_{2\varepsilon}\rho\frac{\varepsilon^2}{k}$$

$$(2-4)$$

其中，G_k、G_b 为湍动能生成项；Y_M 为耗散项；$C_{1\varepsilon}$、$C_{2\varepsilon}$、$C_{3\varepsilon}$ 为模型中的常数；σ_k 与 σ_ε 分别为湍动能与耗散率的湍流普朗特数。计算湍流黏性系数：$\mu_t = \rho C_\mu \dfrac{k^2}{\varepsilon}$，$C_\mu = 0.09$。

在结冰计算中，需要根据部件的流场特征，选择合适的湍流模型。

得到空气场的分布之后，可以计算水滴流场。水滴场的计算一般采用拉格朗日法或者欧拉法，2.2.2 节和 2.2.3 节将详细介绍这两种方法。

2.2.2　基于拉格朗日法的水滴场计算

1. 水滴运动方程

空气-水滴两相流计算中，水滴的运动轨迹由其上力的大小和方向决定。由于水滴在运动过程中可能出现各种复杂的动力学现象，为了体现主要因素的影响，在建立水滴运动方程之前，需要进行一些假设：

（1）结冰云层中液态水含量约为 $0.1\,\mathrm{g/m^3}$ 量级，计算水滴的容积分数约为 10^{-7} 量级，根据两相流理论[12,13]，结冰气象条件下空气-水滴流场属于单向耦合的稀疏两相流范畴，因此不考虑过冷水滴对空气场的影响；

（2）CCAR-25 附录 C 中规定的过冷水滴直径一般不大于 $40\,\mu\mathrm{m}$，常见的过冷水滴尺寸一般为 $20 \sim 30\,\mu\mathrm{m}$，由于过冷水滴尺寸较小，因此可以假设水滴为球形，忽略由于气动力可能发生的水滴变形（注：当水滴为过冷大水滴时，则需要充分考虑水滴变形导致的拖拽力变化）；

（3）假设水滴运动过程中，既不凝聚也不分解；

（4）水滴的温度和物性参数（黏性、密度等）为常数。

在以上假设基础上，采用牛顿第二定律建立水滴运动方程：

$$m_\mathrm{d}\frac{\mathrm{d}\boldsymbol{u}_\mathrm{d}}{\mathrm{d}t} = \boldsymbol{F} \tag{2-5}$$

式中，m_d 为水滴的质量；$\dfrac{\mathrm{d}\boldsymbol{u}_\mathrm{d}}{\mathrm{d}t}$ 为水滴运动的加速度；$\boldsymbol{F}$ 为水滴受到的力。

　　理论上,水滴受到的力可能包括黏性阻力、重力、浮力、视质量力、压力梯度力、巴萨特力、萨夫曼升力、马格努斯力、水滴间的相互作用等。以下对各个力进行简要说明。

　　黏性阻力,是影响水滴运动轨迹最主要的力,必须要考虑。

　　重力,由于水滴质量很小,因此可以忽略,对于过冷大水滴,需要考虑重力的影响。

　　浮力,空气的密度远小于水滴密度,浮力非常小,可以忽略。

　　视质量力,也称为附加质量力。水滴以相对加速度在流体中作加速运动时,会带动周围流体做加速,由于流体具有惯性,表现为对水滴有一个反作用力,于是,推动水滴运动的力将大于水滴本身的惯性力。这种效应等价于水滴具有一个附加质量。该力大小与空气密度成正比,与水滴和空气的相对加速度成正比。由于空气密度远小于水滴密度,并且二者相对运动加速度不大,因此附加质量力很小,可忽略不计。

　　压力梯度力是由水滴周围的空气压力梯度引起的作用力。表现为压力对水滴的驱动作用,其值与压强梯度和水滴体积相关。一般来说,在水滴尺寸很小的情况下,压力梯度力同惯性力相比很小,常忽略不计。

　　巴萨特力,当水滴做加减速运动时,其附面层会带动周围流体一起运动,由于水滴表面附面层的不稳定而使得水滴受到一个随时间变化的作用力,这就是巴萨特力。同视质量力一样,由于水滴密度远远大于空气的密度,巴萨特力很小,可以忽略不计。

　　萨夫曼升力,当流体中有速度梯度时(比如边界层附近就存在沿壁面法向方向的速度梯度),水滴的"上"方与"下"方速度不同,速度大的地方压力小,速度小的地方压力大,这样由于压差的存在,使得水滴受到向"上"的升力,称为萨夫曼升力,对于水滴这个力很小,可以忽略。

　　马格努斯力,当颗粒旋转时,旋转速度和主流速度相同的部分速度相互叠加增大,旋转速度和主流速度相反的部分速度相互抵消减小,也表现出类似于萨夫曼升力那样的速度差,进而产生压力差,在压力差的作用下,颗粒偏离原来的轨道,向一个方向偏转,对于水滴这个力很小,可以忽略。

　　水滴间的相互作用,水滴并非单个存在,而是以颗粒群的形式共同存在,因此在运动的过程中,除了与携带它的流场发生作用,同时也有可能发生和其他水滴碰撞等行为,在结冰工况下,一般 LWC 都比较小,因此通常认为水滴相比较稀疏,水滴之间的空间足够大而不会发生碰撞。

　　通过上述分析可以看出,水滴的运动轨迹主要受黏性阻力的影响,因此水滴的运动方程可以写为

$$m_{\mathrm{d}}\frac{\mathrm{d}\boldsymbol{u}_{\mathrm{d}}}{\mathrm{d}t} = \boldsymbol{D} \qquad\qquad (2-6\mathrm{a})$$

$$或 \frac{1}{6}\pi d_{\mathrm{w}}^3 \rho_{\mathrm{d}} \frac{\mathrm{d}\boldsymbol{u}_{\mathrm{d}}}{\mathrm{d}t} = \boldsymbol{D} \tag{2-6b}$$

式中，ρ_{d} 为水滴密度；d_{w} 为水滴直径；$\boldsymbol{D}$ 为水滴受到的黏性阻力。

式（2-6）中，水滴在气流中运动的黏性阻力 $\boldsymbol{D}$ 可以表示为阻力系数 C_D、迎风面积和相对运动动压头的乘积，即

$$\boldsymbol{D} = \frac{1}{2}\rho_{\mathrm{a}} C_D \mid \boldsymbol{u}_{\mathrm{a}} - \boldsymbol{u}_{\mathrm{d}} \mid (\boldsymbol{u}_{\mathrm{a}} - \boldsymbol{u}_{\mathrm{d}}) \left(\frac{1}{4}\pi d_{\mathrm{w}}^2\right) \tag{2-7}$$

由于阻力系数是和流动情况（相对雷诺数）有紧密关系的，定义相对雷诺数：

$$Re_{\mathrm{rel}} = \frac{\rho_{\mathrm{a}} \mid \boldsymbol{u}_{\mathrm{a}} - \boldsymbol{u}_{\mathrm{d}} \mid d_{\mathrm{w}}}{\mu_{\mathrm{a}}} \tag{2-8}$$

将式（2-7）、式（2-8）代入式（2-6b），得

$$\frac{\mathrm{d}\boldsymbol{u}_{\mathrm{d}}}{\mathrm{d}t} = \frac{C_D Re_{\mathrm{rel}}}{24} \cdot \frac{18\mu_{\mathrm{a}}}{\rho_{\mathrm{d}} d_{\mathrm{w}}^2}(\boldsymbol{u}_{\mathrm{a}} - \boldsymbol{u}_{\mathrm{d}}) \tag{2-9}$$

式中，ρ_{a} 为空气密度；$\boldsymbol{u}_{\mathrm{a}}$ 为空气速度；$\boldsymbol{u}_{\mathrm{d}}$ 为水滴速度；μ_{a} 为空气的动力黏性系数。

在建立水滴运动方程之前，已经假设了水滴的形状为球形，因此这里采用球形的阻力系数。阻力系数的公式很多，以下是计算球形阻力系数的一种方法。

$$当 Re_{\mathrm{rel}} < 0.1 \ 时，C_D = \frac{24}{Re_{\mathrm{rel}}} \tag{2-10a}$$

$$当 0.1 < Re_{\mathrm{rel}} < 1 \ 时，C_D = \frac{24}{Re_{\mathrm{rel}}}\left(1 + \frac{3Re_{\mathrm{rel}}}{16}\right) \tag{2-10b}$$

$$当 1 < Re_{\mathrm{rel}} < 1\ 000 \ 时，C_D = \left(1 + \frac{Re_{\mathrm{rel}}^{(2/3)}}{6}\right) \times \frac{24}{Re_{\mathrm{rel}}} \tag{2-10c}$$

$$当 Re_{\mathrm{rel}} > 1\ 000 \ 时，C_D = 0.44 \tag{2-10d}$$

当水滴为非球形时，则需要采用非球形的阻力系数计算。得到空气场的数据后，采用求解全微分方程的数值方法求解式（2-6）即可得到水滴的运动轨迹。

采用雷诺时均法得到的空气场的速度为时均速度，若要考虑空气的湍流脉动影响时，可以采用随机轨道模型[14]模拟空气湍流脉动。方程（2-9）中当地空气瞬时速度可写为时均速度与脉动速度之和，即 $\boldsymbol{u}_{\mathrm{a}} = \bar{\boldsymbol{u}} + \boldsymbol{u}'$，脉动速度需要由随机模型产生，随机轨道模型假设气体脉动速度服从高斯分布，并由式（2-11）计算：

$$u' = \zeta\sqrt{\overline{u'^2}} = \zeta\sqrt{2k/3} \qquad (2-11)$$

其中，ζ 为均值为 0、方差为 1 的正态分布随机数；k 为计算的湍动能。水滴的拉格朗日积分时间可写成：

$$T_L = C_L\frac{k}{\varepsilon} \qquad (2-12)$$

其中，C_L 为常数，对 k-ε 以及改进形式的湍流模型，C_L 约为 0.15，涡的特征时间表示如下：

$$\tau_e = -T_L\lg r \qquad (2-13)$$

其中，r 为 0 到 1 均匀分布随机数，也即涡的特征时间是拉格朗日积分时间 T_L 的一个随机变量。水滴穿过涡的时间：

$$\tau_{\text{cross}} = -\tau\ln\left[1 - \left(\frac{L_e}{\tau\mid u_a - u_d\mid}\right)\right] \qquad (2-14)$$

其中，τ 是水滴的弛豫时间；L_e 为涡的特征尺度；$\mid u_a - u_d\mid$ 为空气与水滴的相对速度。水滴与涡的作用时间 τ_{int} 取为涡的特征时间与水滴穿过涡的时间中的最小值，即 $\tau_{\text{int}} = \min[\tau_e, \tau_{\text{cross}}]$。

随机轨道模型假设水滴连续地与一系列涡作用，每个涡具有正态分布的脉动速度以及特征时间。当涡的特征时间结束或者水滴穿过涡时，水滴将会与下一个涡进行作用。当达到 τ_{int} 这一时间时，由式(2-11)获得新的瞬时速度。

空气采用瞬时速度后，由于脉动速度是随机量，因此水滴的轨迹也势必会表现出无序性，这给局部收集系数的计算带来了困难。2.2.2 节第 2 部分从局部收集系数的定义出发推导了空气采用瞬时速度时，局部收集系数计算公式。

2. 局部收集系数计算

局部收集系数是指部件的局部表面收集到的水量与局部表面最大可能收集的水量之比，一般用符号 β 表示。局部收集系数是结冰数值模拟中一个重要参数，它表征了撞击水在物面各处的分布情况。

拉格朗日法计算局部收集系数时首先计算每一个水滴的运动轨迹，判断水滴是否与物面碰撞，如果碰撞，记录碰撞的位置，即图 2-3 中的 s，以及这条轨迹的起始位置 y。记录所有碰撞到壁面上水滴的 s 和 y，由所有水滴的运动轨迹，采用公式 $\beta = \dfrac{\mathrm{d}y}{\mathrm{d}s}$，可以求得部件表面各处的局部收集系数。

上述计算收集系数的方法适用于形状规则的二维机翼局部收集系数的计算，三维计算也可以用上述方法，但处理起来较为复杂。本节从局部收集系数的定义

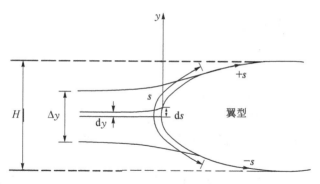

图 2-3　局部收集系数的计算[15]

出发,推导出适用于三维复杂表面以及考虑湍流效应的局部收集系数计算公式。

此处引入局部水收集率 $R_{\text{accretion}}$,单位为 kg/(m²·s),指的是局部表面单位时间、单位面积的水收集量,因此表征了水撞击表面的分布,$R_{\text{accretion}}$ 可写成:

$$R_{\text{accretion}} = \sum_{p=1}^{N_{\text{particle}}} \frac{\dot{m}_p}{A_{\text{area}}} \qquad (2-15)$$

其中,A_{area} 为局部表面的面积;$\dot{m}_p$ 为该局部表面捕获到的第 p 条轨迹上的撞击率,即该轨迹上粒子的流量 kg/s;N_{particle} 为局部表面上捕获的迹线条数。 因此局部收集系数 β 可以表示为

$$\beta = \frac{R_{\text{accretion}}}{R_{\text{accretion, max}}} = \frac{R_{\text{accretion}}}{\text{LWC} \cdot V_\infty} \qquad (2-16)$$

式中,$R_{\text{accretion, max}}$ 为可能的最大水收集率,一般以来流中液态水的流量为基准,即 $R_{\text{accretion, max}} = \text{LWC} \cdot V_\infty$,其中 LWC 为来流单位体积流量含有的水量,单位取为 kg/m³,V_∞ 为来流速度。

2.2.3　基于欧拉法的水滴场计算

1. 水滴的控制方程

采用欧拉法计算水滴场的前提是水滴相满足连续介质假设,即将水滴相作为连续相对待,因此需要引入水滴容积分数的概念。容积分数一般用 α_i 表示,代表某一项 i 在多相流中所占有的体积与总体积之比,公式如下:

$$\alpha_i = \frac{V_i}{V} \qquad (2-17)$$

其中,V_i 表示 i 相在控制容积中的体积;V 表示控制容积的总体积。

2.2.2 节已经提到云层中 LWC 的量级约为 0.1 g/m³,水滴相容积分数的量级

为 10^{-7},见公式(2-18)。

$$\alpha_i = \frac{\text{LWC}}{\rho_d} \approx 10^{-7} \qquad (2-18)$$

结冰气象条件下空气-水滴两相流属于单向耦合的稀疏两相流。因此可以先计算空气流场,在空气流场基础上进行水滴流场计算。

与拉格朗日法类似,采用欧拉法建立水滴控制方程之前,同样需要做出必要的假设[16]:

（1）因为水滴直径很小,水的体积分数为 $10^{-7} \sim 10^{-6}$ 量级,为稀疏两相流,因此假设水滴为球形,并且没有变形和破碎;

（2）水滴没有碰撞、聚合或飞溅;

（3）水滴与周围空气没有热和质量的交换;

（4）忽略湍流效应;

（5）水滴受力只考虑黏性阻力、重力和浮力。

水滴的连续方程和动量方程可以写成:

$$\frac{\partial \alpha}{\partial t} + \nabla \cdot (\alpha \boldsymbol{u}) = 0 \qquad (2-19)$$

$$\frac{\partial \boldsymbol{u}}{\partial t} + \boldsymbol{u} \cdot \nabla \boldsymbol{u} = \frac{C_D Re_{\text{rel}}}{24K}(\boldsymbol{u}_a - \boldsymbol{u}) + \left(1 - \frac{\rho_a}{\rho}\right)\frac{1}{Fr^2}\boldsymbol{g} \qquad (2-20)$$

其中,α 为无量纲的水的容积分数;$\boldsymbol{u}$ 为无量纲水滴速度,也即 $\boldsymbol{u}_d/U_\infty$;$\boldsymbol{u}_a$ 为无量纲空气速度;ρ 为水的密度;ρ_a 为空气密度;d_w 为水滴直径;$Re_{\text{rel}} = \dfrac{\rho d_w U_\infty |\boldsymbol{u}_a - \boldsymbol{u}|}{\mu_a}$ 为相对雷诺数;$K = \dfrac{\rho d_w^2 U_\infty}{18L\mu}$ 是一个惯性参数;$Fr = \dfrac{U_\infty}{\sqrt{Lg}}$ 是弗劳德数;L 是特征长度;阻力系数按下式计算,也可按式(2-10)进行计算。

$$\begin{cases} C_D = \dfrac{24}{Re_{\text{rel}}}(1 + 0.001\,5Re_{\text{rel}}^{0.687}), & Re_{\text{rel}} \leqslant 1\,000 \\ C_D = 0.4, & Re_{\text{rel}} > 1\,000 \end{cases}$$

式(2-19)、式(2-20)求解的水滴直径是单一的,当水滴粒径呈某种分布时,需要对每种粒径都求解一次上述方程组。式(2-19)、式(2-20)的求解与空气场的求解方法是类似的。

2. 收集系数计算

欧拉法计算局部收集系数时,壁面收集到的水滴质量根据当地的容积分数和速度可以求出：

$$\dot{m}_{\text{imp}} = \rho_{\text{d}} \alpha' \boldsymbol{u}_{\text{d}} \cdot \boldsymbol{n} \qquad (2-21)$$

其中，$\boldsymbol{u}_{\text{d}} \cdot \boldsymbol{n}$ 表示水滴撞击壁面的法向速度；α' 为壁面当地的容积分数。

　　壁面最大可能收集到的水量根据来流的 LWC 和来流速度确定，因此收集系数可以写为

$$\beta = \frac{\rho_{\text{d}} \alpha' \boldsymbol{u}_{\text{d}} \cdot \boldsymbol{n}}{\text{LWC}_{\infty} \mid \boldsymbol{u}_{\infty} \mid} \qquad (2-22)$$

当水滴直径呈某种分布时，假设第 i 种直径的水滴质量占总质量的百分比为 p_i，则总的收集系数可以写为

$$\beta = \sum_i p_i \beta_i \qquad (2-23)$$

其中，β_i 为第 i 种直径的水滴局部收集系数。

2.2.4　旋转部件的局部收集系数计算

　　旋转帽罩、风扇等旋转部件是发动机中常见的结冰部件，其局部收集系数的计算方法与静止部件不同。如果按照计算静止部件的方法计算旋转部件的局部收集系数将会出现 β 大于 1 的情况。根据局部收集系数的定义可以知道局部收集系数一般是小于或等于 1 的数。因此，发动机内旋转部件局部收集系数的计算应采用如下公式：

$$\beta = \frac{\dot{m}_{\text{imp}}}{\text{LWC}_{\infty} \cdot V_{\text{abs}}} \qquad (2-24)$$

其中，$\dot{m}_{\text{imp}}$ 是局部表面单位时间单位面积收集到的水量；LWC_{∞} 是来流的液态水含量；V_{abs} 是来流的绝对速度，即来流相对速度与牵连速度的矢量和。可以看出旋转部件局部收集系数和静止部件局部收集系数的区别主要在于来流速度不同。这是因为，受牵连速度的影响，旋转部件表面最大可能收集的水量与静止时相比是增加的，因此计算旋转部件的局部收集系数时需要考虑牵连速度对最大可能收集水量的贡献。

2.3　结冰热力学模型

　　根据局部收集系数获得表面收集的水量，之后根据表面的能量平衡，计算得到表面的结冰量、表面温度、未冻结的水量等参数。表面能量平衡包括能量损失和能量获得。一般来说，损失的能量主要有：① 水和空气的对流换热；② 蒸发水带走

的热量;③ 加热撞击进来的液滴损失掉的能量。获得的能量主要有:① 撞击进来液滴带入的能量;② 结冰释放的潜热;③ 气动加热等。目前较为常见的结冰热力学模型有三种:Messinger 结冰热力学模型、考虑水膜流动的结冰热力学模型以及浅水结冰模型。

2.3.1　Messinger 结冰热力学模型

Messinger 结冰热力学模型是应用广泛的一种结冰热力学模型。该模型是由 Messinger[17] 在 20 世纪 50 年代提出的,最早是通过对控制体建立能量平衡的方法计算结冰量,后来由美国 NASA 的 Lewis 研究中心将其进行了推广完善[18],之后得到了广泛应用。Messinger 结冰热力学模型方程均为代数方程形式。

1. 基本假设

由于水在壁面上流动、蒸发、与空气相互作用等过程十分复杂,为了方便计算,给出如下假设:

(1) 撞击到壁面上的液滴温度与壁面周围气体温度相等,由于过冷水滴直径很小,所以认为水滴与气流间换热迅速,保持温度相等;

(2) 撞击到壁面上的水滴全部停留在壁面上,即忽略撞击时溅离壁面的水滴质量;

(3) 气流流过壁面时不携带起水滴;

(4) 水膜在壁面沿流线方向铺展,直到结冰或蒸发完毕;

(5) 结冰过程处于准稳态,任意时刻进入壁面的水滴总质量与结冰、蒸发和流出的水质量相等;

(6) 壁面和冰的换热量不计,即壁面为绝热壁面;

(7) 由于壁面温度较低,不考虑辐射换热。

2. 模型方程

Messinger 结冰热力学模型应用了质量和能量守恒定律,对表面控制单元内的水分别建立质量守恒方程和能量守恒方程。

任意时刻,在控制单元内"进来"的水和"出去"的水质量相等,如图 2-4 所示,可以写出如下方程:

$$\dot{m}_{imp} + \dot{m}_{in} = \dot{m}_{out} + \dot{m}_{ice} + \dot{m}_{evap} \quad (2-25)$$

方程左侧为"进来"的水的质量流率,其中 $\dot{m}_{imp}$ 为水滴的撞击率,也即单位时间撞击进来的水的质量,$\dot{m}_{in}$ 为从上游流入的水的质量流率;方程右侧为"出去"的水的质量流率,其中 $\dot{m}_{out}$ 为流出控制

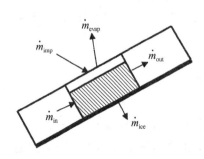

图 2-4　质量守恒示意图

单元,也即流入下游的水的质量流率,$\dot{m}_{ice}$ 为单位时间的结冰量,$\dot{m}_{evap}$ 为水的蒸发率。

控制单元内的能量平衡如图 2-5 所示,任意时刻,加入的能量与散失的能量相等,因此方程写为

$$\dot{Q}_{in} + \dot{Q}_{imp} + \dot{Q}_{ice} + \dot{Q}_{anti} = \dot{Q}_{evap} + \dot{Q}_{out} + \dot{Q}_{conv} \tag{2-26}$$

方程(2-26)左侧为加入的能量。

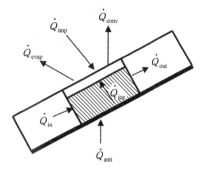

图 2-5　有限容积能量守恒示意图

$\dot{Q}_{in}$ 为上游溢流进入控制单元内的水的内能:

$$\dot{Q}_{in} = \dot{m}_{in}[c_{p,w}(T_{in} - T_0)] \tag{2-27}$$

其中,$\dot{m}_{in}$ 为上游流入控制单元的水的质量流率;$c_{p,w}$ 为水的定压比热容;T_{in} 为流入的水的温度,也即上一个单元流出的水的温度;T_0 为参考温度,一般 $T_0 = 273.15\ \mathrm{K}$。

$\dot{Q}_{imp}$ 为撞击进入控制体的水滴的总能量,包括内能和动能:

$$\dot{Q}_{imp} = \dot{m}_{imp}\left[c_{p,w}(T - T_0) + \frac{1}{2}V_{imp}^2\right] \tag{2-28}$$

其中,$\dot{m}_{imp}$ 为通过撞击进入到控制单元内的水滴质量流率;T 为来流空气的温度;V_{imp} 为水滴的撞击速度。

$\dot{Q}_{ice}$ 为水结冰产生的能量,包含有结冰的潜热和冰的内能:

$$\dot{Q}_{ice} = \dot{m}_{ice}[L_f + c_{p,i}(T_0 - T_s)] \tag{2-29}$$

其中,L_f 为水的固化潜热;$c_{p,i}$ 为冰的比热;T_s 为湿表面温度,也即表面水的温度。

$\dot{Q}_{anti}$ 为防冰热流量,在计算结冰时,一般将壁面做绝热处理,因此 $\dot{Q}_{anti} = 0$。

方程(2-26)的右侧为散失的能量。

$\dot{Q}_{evap}$ 为水蒸发带走的热量,可以表示为

$$\dot{Q}_{evap} = \dot{m}_{evap}L_v A \tag{2-30}$$

其中,L_v 为水的汽化潜热;A 为蒸发表面的面积。水在单位时间单位面积上蒸发量 $\dot{m}_{evap}$ 为

$$\dot{m}_{evap} = h_m(C_s - C_l) \tag{2-31}$$

其中,h_m 为传质系数;C_s 为紧贴湿热表面层的空气的饱和绝对湿度,单位为 $\mathrm{kg/m^3}$;C_l 为附面层外边界上空气的绝对湿度。传质系数 h_m 可由下式确定:

$$h_m = \frac{h_c}{\rho_a c_{p,a} L^{2/3}} \tag{2-32}$$

其中, h_c 为传热系数; ρ_a 为空气密度; $c_{p,a}$ 为空气定压比热容; L 为刘易斯数。

绝对湿度可由理想气体状态方程确定:

$$C_s = \frac{\bar{M}P_s}{RT_s} \qquad\qquad (2-33)$$

$$C_l = \frac{\bar{M}P_l}{RT_l} \qquad\qquad (2-34)$$

其中, $\bar{M}$ 为水蒸气的分子摩尔质量; R 为通用气体常数; T_s 为湿表面温度; P_s 为 T_s 对应的饱和蒸汽压, 在计算中取来流空气温度 T 对应的饱和蒸汽压; T_l 为附面层边界上的温度, 计算中取边界层水表面的节点温度; P_l 为附面层水蒸气分压, $P_l = \varphi P(T_l)$, φ 为相对湿度, $P(T_l)$ 是 T_l 温度下的饱和蒸汽压。

由式(2-31)~式(2-34)可得出蒸发所带走的热量为

$$\dot{Q}_{\text{evap}} = \frac{L_v h_c \bar{M}}{R \rho_a c_{p,a} L^{2/3}}\left(\frac{P_s}{T_s} - \frac{P_l}{T_l}\right) \qquad\qquad (2-35)$$

$\dot{Q}_{\text{out}}$ 为流出的水的内能, 用如下公式确定:

$$\dot{Q}_{\text{out}} = \dot{m}_{\text{out}} c_{p,w}(T_s - T_0) \qquad\qquad (2-36)$$

$\dot{Q}_{\text{conv}}$ 为对流换热量, 可表示为

$$\dot{Q}_{\text{conv}} = h_c A(T_s - T_r) \qquad\qquad (2-37)$$

其中, $T_r = T_0 + \dfrac{v_0^2}{2c_{p,a}}\left[1 - \left(\dfrac{v_l}{v_0}\right)^2(1 + r^*)\right]$ 为附面层恢复温度, v_0 为来流速度, v_l 为附面层局部速度, r^* 为附面层恢复系数, 层流时 $r^* = Pr^{1/2}$, 湍流时 $r^* = Pr^{1/3}$。 h_c 为对流换热系数, 可以采用经验公式计算, 也可以直接由 CFD 计算结果获取。

Messinger 结冰热力学模型中只有质量守恒方程和能量守恒方程, 表面上看是没有动量方程。而在 Messinger 结冰热力学模型中假设"水膜在壁面沿流线方向铺展", 也就是说水膜的流向与紧贴空气层的流向一致, 动量方程相当于隐藏在这一假设中。

3. 方程求解

方程(2-25)、方程(2-26)共有 3 个未知量, 分别为湿表面温度 T_s、结冰量 $\dot{m}_{\text{ice}}$, 以及流出水量 $\dot{m}_{\text{out}}$。 两个方程, 三个未知数, 因此需要引入另外的约束条件才可求解。为了求解方程, 引入冻结系数的概念。冻结系数 f, 表征结冰量占控制单元内总水质量的分数, 用式(2-38)表示。

$$f = \frac{\dot{m}_{\text{ice}}}{\dot{m}_{\text{imp}} + \dot{m}_{\text{in}}} \qquad (2-38)$$

在冰水共存的状态下(也即明冰或混合冰工况),水的温度是 273.15 K。首先假设结冰为明冰工况,即 T_s = 273.15 K,此时未知量只有 $\dot{m}_{\text{ice}}$、$\dot{m}_{\text{out}}$。求解方程(2-25)、方程(2-26),获得结冰量 $\dot{m}_{\text{ice}}$ 以及流出水量 $\dot{m}_{\text{out}}$。之后求解冻结系数 f,求出冻结系数 f 以后,按照冻结系数的值进行进一步求解,分成三种情况:

(1) 如果 $0 < f < 1$,说明假设成立,则 T_s = 273.15 K,结冰量 $\dot{m}_{\text{ice}}$ 以及流出水量 $\dot{m}_{\text{out}}$ 都已求出;

(2) 如果 $f \geq 1$,说明所有进入控制单元的水完全冻结,也即霜冰。此时,令 $f = 1$,求出结冰量 $\dot{m}_{\text{ice}} = \dot{m}_{\text{imp}} + \dot{m}_{\text{in}}$,同时 $\dot{m}_{\text{out}} = 0$,将 $\dot{m}_{\text{ice}}$ 以及 $\dot{m}_{\text{out}}$ 代入式(2-26)求出冰的温度 T_s;

(3) 如果 $f \leq 0$,说明控制单元中的水没有冻结,此时令 $f = 0$,求出结冰量 $\dot{m}_{\text{ice}} = 0$,以及流出水量 $\dot{m}_{\text{out}} = \dot{m}_{\text{imp}} + \dot{m}_{\text{in}}$,将 $\dot{m}_{\text{ice}}$ 以及 $\dot{m}_{\text{out}}$ 代入式(2-26)计算表面水膜温度 T_s。

计算流程如图 2-6 所示。

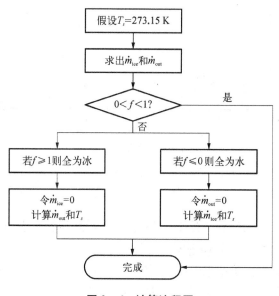

图 2-6　计算流程图

4. 模型局限

Messinger 结冰热力学模型假设冰水混合温度为 273.15 K,在某一个特定的瞬间,这种假设是合理的。但在结冰的气象环境中,过冷水不断地撞击表面,新撞击的水与壁面原有的水进行掺混,水膜的温度与底面冰层的温度不同,冰层与水膜之间是存在导热的,而 Messinger 热力学模型假设冰水混合温度为 273. 15 K,相当于忽略了冰层与水膜之间的导热,这会导致冻结系数总是小于真实值[19]。

实际的冻结系数是由 $f = 1$ 单调地降低到最终平衡值。而 Messinger 热力学模型在准稳态的假设下,进行能量平衡和质量平衡计算,获得一个固定的冻结系数,比如在霜冰向明冰过渡生长的过程中,该模型计算的冻结系数由 1 直接变为小于 1 的数,并一直保持该冻结系数[19],这与真实情况是存在一些差异的。

以上是 Messinger 结冰热力学模型本身存在的一些局限性,但是这些局限性带来的结果偏差非常小,并且这一模型已经历了大量的试验验证,目前是工程中广为应用的结冰热力学模型。

2.3.2　考虑水膜流动的结冰热力学模型

考虑水膜流动的结冰热力学模型是以薄膜润滑理论为基础的。Myers 等[19-21]建立了该理论模型,该模型对水膜的流动、换热以及冰层的换热进行求解,冰水界面的相变过程采用 Stefan 方程求解。有水膜流动的结冰如图 2-7 所示,这一模型需要建立流动方程、换热方程以及相变方程。

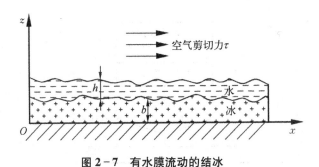

图 2-7　有水膜流动的结冰

h. 水膜厚度;b. 冰层厚度

1. 流动方程

对表面流动的薄水膜建立流动方程,建立方程之前需要作如下假设:

(1) 水的动力黏性系数和密度为常数;

(2) 水膜很薄,流动速度很小,流动视为层流,满足应用薄膜润滑理论的条件。

假设(1)意味着流动不可压,因此热方程和流动方程的求解可以解耦,根据假设(2)连续方程和 N-S 方程可以写为

$$\nabla \cdot \boldsymbol{u} = 0 \qquad\qquad (2-39)$$

$$\mu_w \frac{\partial^2 u}{\partial z^2} = \frac{\partial p}{\partial x} - \rho_w g_x \qquad\qquad (2-40)$$

$$\mu_w \frac{\partial^2 v}{\partial z^2} = \frac{\partial p}{\partial y} - \rho_w g_y \qquad (2-41)$$

$$0 = \frac{\partial p}{\partial z} - \rho_w g_z \qquad (2-42)$$

在 $z = b$ 面上,也即冰水交界面,边界条件为无滑移边界:

$$u = v = 0 \qquad (2-43)$$

根据质量传递有

$$\rho_w \boldsymbol{n} \cdot (\boldsymbol{u} - \boldsymbol{u}_b) = \rho_i \boldsymbol{n} \cdot (\boldsymbol{u}_s - \boldsymbol{u}_b) \qquad (2-44)$$

其中, $\boldsymbol{u}_b = \left(0, 0, \dfrac{\partial b}{\partial t}\right)$ 边界移动的速度; $\boldsymbol{u}_s = 0$ 是冰的速度;法向量 $\boldsymbol{n} = \left(-\dfrac{\partial b}{\partial x}, -\dfrac{\partial b}{\partial y}, 1\right)$,可以得出:

$$w = \left(1 - \frac{\rho_i}{\rho_w}\right) \frac{\partial b}{\partial t} \qquad (2-45)$$

其中, ρ_i 和 ρ_w 分别为冰和水的密度。

在水-气交界面上,根据质量传递,用类似于式(2-44)的方法,此时 $z = b + h$,边界的移动速度 $\boldsymbol{u}_b = \left(0, 0, \dfrac{\partial b}{\partial t} + \dfrac{\partial h}{\partial t}\right)$, ρ_i 可以用空气中水的含量代替,用 ρ_A 表示, $\rho_A \ll \rho_w$,因此可以得到:

$$w = \left(1 - \frac{\rho_A}{\rho_w}\right)\left(\frac{\partial b}{\partial t} + \frac{\partial h}{\partial t}\right) + u\left(\frac{\partial b}{\partial x} + \frac{\partial h}{\partial x}\right) + v\left(\frac{\partial b}{\partial y} + \frac{\partial h}{\partial y}\right) - \frac{\rho_A}{\rho_w}\beta V \quad (2-46)$$

其中, β 为水收集系数; V 空气的来流速度。

水膜表面受到的空气的剪切应力,可表示为

$$\mu_w \frac{\partial u}{\partial z} = \tau_{ax}, \quad \mu_w \frac{\partial v}{\partial z} = \tau_{ay} \qquad (2-47)$$

对式(2-42)积分,可得 $p - p_a = \rho_w g_z (z - h)$ 。

对式(2-40)和式(2-41)进行积分,应用式(2-43)和式(2-47),可以得到:

$$\mu_w u = \frac{1}{2}\left(\frac{\partial p}{\partial x} - \rho_w g_x\right)\left[z^2 - b^2 - 2(z - b)(b + h)\right] + \tau_{ax}(z - b) \quad (2-48)$$

$$\mu_{\rm w} v = \frac{1}{2}\left(\frac{\partial p}{\partial y} - \rho_{\rm w} g_y\right)\left[z^2 - b^2 - 2(z-b)(b+h)\right] + \tau_{ay}(z-b) \quad (2-49)$$

将连续方程[式(2-39)]沿水膜高度进行积分,可得

$$w\mid_{b+h} - w\mid_b = -\int_b^{b+h}\left(\frac{\partial u}{\partial x} + \frac{\partial v}{\partial y}\right)dz \quad (2-50)$$

将式(2-45)、式(2-46)、式(2-48)、式(2-49)代入式(2-50)可得

$$\frac{\partial h}{\partial t} + \nabla \cdot \boldsymbol{H} = \frac{\rho_{\rm A}}{\rho_{\rm w}}\beta V - \frac{\rho_{\rm i}}{\rho_{\rm w}}\frac{\partial b}{\partial t} \quad (2-51)$$

其中,$\boldsymbol{H} = \left[-\frac{h^3}{3\mu_{\rm w}}\left(\frac{\partial p}{\partial x} + \rho_{\rm w} g_x\right) + \frac{h^2}{2\mu_{\rm w}}\tau_{ax}, \ -\frac{h^3}{3\mu_{\rm w}}\left(\frac{\partial p}{\partial y} + \rho_{\rm w} g_y\right) + \frac{h^2}{2\mu_{\rm w}}\tau_{ay}\right]$。

2. 换热方程

求解流动方程时,需要知道 $\dfrac{\partial b}{\partial t}$,这一项需要通过求解换热方程获得。当水膜和冰层足够薄时,导热是主要的传热方式[21],因此换热方程简化成以下形式:

$$\frac{\partial^2 T}{\partial z^2} = 0 \quad (2-52)$$

$$\frac{\partial^2 \theta}{\partial z^2} = 0 \quad (2-53)$$

T 和 θ 分别为冰层和水膜的温度。求解方程(2-52)、方程(2-53)的边界条件如下:

$$z = 0, \quad T = T_s \quad (2-54)$$

$$z = b, \quad T = \theta = T_f \quad (2-55)$$

$$z = b + h, \quad k_{\rm w}\frac{\partial \theta}{\partial z} = Q_{\rm imp} + Q_a - Q_d - Q_h - Q_e \quad (2-56)$$

其中,$Q_{\rm imp} = \dfrac{\text{LWC} \cdot V^3 \cdot \beta}{2}$ 是撞击水滴带入的动能,LWC 和 V 分别为来流液态水含量和来流速度;$Q_a = h\dfrac{rV^2}{2c_{p,a}}$ 是附面层摩擦引起的对表面的加热量;$Q_d = \dot{m}_{\rm imp}c_{p,w}(T_\infty - T_f) = \text{LWC} \cdot V \cdot \beta \cdot c_{p,w} \cdot (T_\infty - T_f)$ 是加热撞击水所需要的热量,$\dot{m}_{\rm imp}$ 为单位时间单位面积的水滴撞击量;$Q_h = h_c(\theta - T_\infty)$ 是对流换热量;$Q_e =$

$\dfrac{h\varepsilon L_e}{c_{p,a}P}(e_s - \varphi e_a)$ 是蒸发换热量,其中,ε 为水蒸气和干空气的分子量比值,L_e 为蒸发潜热,e_s 为水膜表面的饱和蒸汽压,e_a 为自由流中的蒸汽分压,φ 为相对湿度。

如果是霜冰,表面没有水膜,此时空气-冰层表面的边界条件可写为

$$z = b, \quad k_i \frac{\partial T}{\partial z} = Q_{ice} + Q_{imp} + Q_a - Q_d - Q_h - Q_s \qquad (2-57)$$

其中,$Q_{ice} = L_f \cdot \beta \cdot V \cdot$ LWC 撞击的水全部冻结释放的热量,L_f 为水的固化潜热;Q_s 为冰表面发生升华时带走的热量。其他项参考公式(2-56)。

3. 相变方程

1)霜冰

如果没有水膜,形成霜冰,冰的厚度可以由公式(2-51)在 $t = 0$ 时 $h = 0$、$b = 0$ 的条件下积分得到,但是需要通过数值计算。如果结冰量不大,可以忽略时间依赖性,得到冰层的厚度:

$$b = \frac{\rho_A}{\rho_i}\beta Vt \qquad (2-58)$$

2)明冰

明冰工况下,冰层的生长用 Stefan 条件获得,公式如下:

$$\rho_i L_f \frac{\partial b}{\partial t} = k_i \frac{\partial T}{\partial z} - k_w \frac{\partial \theta}{\partial z} \qquad (2-59)$$

以上为考虑水膜流动的结冰热力学模型需求解的方程,该模型考虑了水膜的流动方程、结冰初期导热对结冰的影响等,但模型的求解过程复杂。该模型适用于薄水膜以及 Peclet 数非常小(即导热占据换热主导)的流动,可应用于飞机/发动机结冰、建筑物或输电线路结冰等领域。但目前在飞机/发动机结冰领域应用并不广泛。

2.3.3　浅水结冰模型

浅水结冰模型(shallow water icing model, SWIM)是商用软件 FENSAP 采用的结冰热力学模型,是基于偏微分方程(partial differential equations, PDE)求解的方法。该模型具体内容如下。

图 2-8 显示了表面水膜的流动和传热传质现象。水膜速度 u 是表面坐标 $x = (x_1, x_2)$ 和垂直于表面的 y 的函数,可以写为

$$u(x, y) = f(\tau_{wall}, y) \qquad (2-60)$$

其中,τ_{wall} 为空气在壁面上的剪切力,这是水膜流动的主要驱动力。此处假设函数

f 沿 y 的分布为线性,则有

$$u(x, y) = \frac{y}{\mu_w} \tau_{wall}(x) \qquad (2-61)$$

将速度沿液膜的厚度进行平均,得到平均速度的计算公式:

$$\bar{u}(x) = \frac{1}{h_f} \int_0^{h_f} u(x, y) \mathrm{d}y = \frac{h_f}{2\mu_w} \tau_{wall}(x) \qquad (2-62)$$

其中,$\bar{u}$ 为水膜平均速度;h_f 为水膜厚度。水膜的流动速度用平均速度表示,可写出连续方程和能量方程。

连续方程:

$$\rho_w \left[\frac{\partial h_f}{\partial t} + \mathrm{div}(\bar{u}h_f) \right] = U_\infty \mathrm{LWC}\beta - \dot{m}_{evap} - \dot{m}_{ice} \qquad (2-63)$$

方程右侧三项分别为:撞击的水质量、蒸发量、结冰量。

能量方程:

$$\rho_w \left[\frac{\partial h_f C_w \tilde{T}}{\partial t} + \mathrm{div}(\bar{u}h_f C_w \tilde{T}) \right] = \left[C_w \tilde{T}_{d, \infty} + \frac{\| u_d \|^2}{2} \right] \times U_\infty \mathrm{LWC}\beta - 0.5(L_{evap} + L_{sub})\dot{m}_{evap}$$
$$+ (L_{fusion} - C_{ice}\tilde{T})\dot{m}_{ice} + \sigma(T_\infty^4 - T^4) + \dot{Q}_h + \dot{Q}_{cond}$$
$$(2-64)$$

方程右侧各项依次为:撞击的水带入的能量、蒸发掉的水带走的热量、水冻结成冰释放的热量、辐射热量、对流换热量、导热量。其中,ρ_w、C_w、$\tilde{T}_{d, \infty}$、U_∞、LWC、L_{evap}、L_{sub}、L_{fusion}、C_{ice}、σ、T_∞ 是用户指定的参数,收集系数 β、水的撞击速度 u_d 是根据两相流计算获得的,壁面剪切力 τ_{wall} 和对流换热量 $\dot{Q}_h$ 由求解 N-S 方程组获得,蒸发量由对流换热的比拟获得[22],导热量由热结构分析代码或者结冰模块中的简单模型获得。

以上为连续方程和能量方程,动量方程隐藏在方程(2-61)中。在连续方程和能量方程中有三个未知量,分别为:水膜厚度 h_f;空气、水膜、冰、壁面的平衡温度 $\tilde{T}$;结冰量 $\dot{m}_{ice}$。两个方程三个未知数,需要另外的约束条件才可以求解。在求解中,需要保证高于冰点时没有冰产生,低于冰点时,没有水溢流。因此约束条件如下:

$$h_f \geqslant 0 \qquad (2-65)$$

$$\dot{m}_{ice} \geqslant 0 \qquad (2-66)$$

$$h_f \tilde{T} \geqslant 0 \qquad (2-67)$$

$$\dot{m}_{ice}\tilde{T} \leqslant 0 \qquad\qquad (2-68)$$

约束条件(2-65)是对液膜厚度的自然假设,这一假设强制液膜厚度为正。约束条件(2-66)能够防止冰融化导致的几何向内移动。基于前两个约束关系,不等式(2-67)、不等式(2-68)是防止在水的三相点以上/以下出现不必要的冻结/溢流行为的方程。

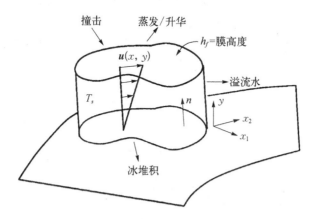

图 2-8　表面水膜的流动和传热传质

约束关系可以用图 2-9 表示,图 2-9 由三个面代表三种不同的冻结情况。区域 Ⅰ 代表水膜的状态,此时 $\dot{m}_{ice}=0$,需要求解 h_f、$\tilde{T}$;区域 Ⅱ,$\tilde{T}=0$,需要求解 $\dot{m}_{ice}$、h_f;区域 Ⅲ,$h_f=0$,需要求解 $\dot{m}_{ice}$、$\tilde{T}$。有了以上的约束关系,未知数从 3 个减少到 2 个,与偏微分方程的数目匹配,因此偏微分方程组可解。

浅水结冰模型与 Messinger 结冰热力学模型虽然有细节上的不同,但总体来看其建立思路和求解框架是相似的。

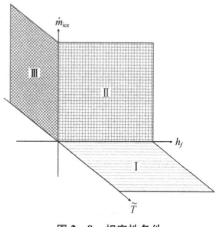

图 2-9　相容性条件

2.4　结冰计算软件

在研究结冰的过程中,不同国家的科研院所形成了不同的结冰计算软件。表 2-1 对比了不同软件两相流模型与热力学模型的差异。一般来说,结冰软件由四个主要模块组成:① 流场计算;② 水滴轨迹和撞击计算;③ 热力学和冰增长计算;④ 几何结构重构。早期的结冰软件,一般采用势流或者欧拉方程求解空气场,采用拉格朗日法求解水滴轨迹。随着计算技术以及软硬件的发展,现在的结冰软件空气场都可以采用 N-S 方程求解,同时也发展出了欧拉法求解水滴流场。中国空气动力研究与发展中心开发的 NNW-ICE 软件将常用的两相流计算方法和不同的结冰热力学模型均嵌入了软件中,给不同的结冰部件和不同应用场景提供了选择。除了表 2-1 中列出的计算软件以外,还有一种做法是利用商用 CFD 软件的二次开发功能进行结冰计算。常用的商用软件为 FLUENT、CFX,一般采用商用软件的 N-S 求解器获得空气场,水滴场和结冰计算用二次开发的程序实现。二次开发能够采用的方法比较灵活,求解水滴场既可以采用拉格朗日法也可以采用欧拉法,计算结冰既可以采用 Messinger 热力学模型也可以采用考虑水膜流动的热力学模型。

表 2-1　不同软件对比

软件名称	国　家	两相流计算方法	结冰热力学模型
LWEICE	美国	欧拉-拉格朗日法	基于 Messinger 结冰热力学模型
ONERA	法国	欧拉-拉格朗日法	基于 Messinger 结冰热力学模型
TRAJICE2	英国	欧拉-拉格朗日法	基于 Messinger 结冰热力学模型
CIRAMIL	意大利+加拿大	欧拉-拉格朗日法	基于 Messinger 结冰热力学模型
CANICE	加拿大	欧拉-拉格朗日法	Messinger 结冰热力学模型
FENSAP	加拿大	欧拉-欧拉法	浅水结冰模型
NNW-ICE	中国	欧拉-欧拉法/欧拉-拉格朗日法	Messginer 模型/考虑水膜流动的热力学模型/浅水结冰模型

2.5　本 章 小 结

本章研究了过冷水滴结冰的计算方法,首先分析了过冷水滴运动轨迹计算的两种方法,同时提出了针对旋转部件的局部收集系数的计算方法;之后详细论述了广泛采用的 Messinger 结冰热力学模型,并且阐述了考虑水膜流动的结冰热力学模型和浅水结冰模型;最后对比分析了目前常用的一些结冰计算程序/软件。

参 考 文 献

[1]　Scott J N, Hankey W L, Giessler F J. Navier-Stokes solution to the flowfield over ice accretion shapes[J]. Aircraft, 1988, 25: 710-716.

[2]　Bourgault Y, Habashi W G, Dompierre J. An Eulerian approach to supercooled droplets impingement calculations[R]. AIAA-97-0176, 1997.

［3］　Mingione G, Brandi V, Esposito B. Ice accretion prediction on multi-element airfoils［R］. AIAA－97－0177, 1997.

［4］　Brahimi M T, Tran P, Chocron D, et al. Effect of supercooled large droplets on ice accretion characteristics［R］. AIAA－97－0306, 1997.

［5］　Tran P, Brahimi M T, Sankar L N. Ice accretion prediction on single and multi-element airfoils and the resulting performance degradation［R］. AIAA－97－0178, 1997.

［6］　Tsao J C, Rothmayer A P. Triple-Deck simulation of surface glaze ice accretion［R］. AIAA－2000－0234, 2000.

［7］　Donald E C. Relationships of ice shapes and drag to icing condition dimensionless parameters ［R］. AIAA－2000－0486, 2000.

［8］　Tao Y X, Jiang J. Densification model for ice layer growth on icing surfaces of aircraft［R］. AIAA－99－0098, 1999.

［9］　Reissig M. Ice accumulation potential of an aircraft screen inlet［R］. AIAA－99－0622, 1999.

［10］　Tsuboi K, Kimura S. Numerical simulation of ice accretion on body with droplet flow model ［R］. AIAA－99－3333, 1999.

［11］　Crowe C T. Review—numerical models for dilute gas-particle flows［J］. Journal of Fluids Engineering, 1982, 104(3): 297－303.

［12］　Sommerfeld M. Theoretical and experimental modelling of particulate flows, overview and fundamentals-Part Ⅰ and Ⅱ［R］. von Karman Institute for Fluid Dynamics, 2000.

［13］　Crowe C T, Schwarzkopf J D, Sommerfeld M, et al. Multiphase flows with droplets and particles［M］. 2nd ed. Boca Raton: CRC Press, 2012.

［14］　Litchford R J, Jeng S M. Efficient statistical transport model for turbulent particle dispersion in sprays［J］. AIAA Journal, 1991, 29(9): 1443－1451.

［15］　易贤. 飞机积冰的数值计算与积冰试验相似准则研究［D］. 绵阳: 中国空气动力研究与发展中心, 2007.

［16］　Bourgault Y, Habashi W G, Dompierre J, et al. A finite element method study of Eulerian droplets impingement models［J］. International Journal for Numerical Methods in Fluids, 2015, 29(4): 429－449.

［17］　Messinger B L. Equilibrium temperature of an unheated icing surface as a function of airspeed ［J］. Journal of Aeronautical Science, 1953, 20(1): 29－42.

［18］　Wright W B, Bidwell C S. Additional improvements to the NASA Lewis ice accretion code LEWICE［R］. AIAA－95－0752, 1995.

［19］　Myers T G. An extension to the Messinger model for aircraft icing［J］. AIAA Journal, 2001, 39(2): 211－218.

［20］　Myers T G, Hammond D W. Ice and water film growth from incoming supercooled droplets ［J］. International Journal of Heat and Mass Transfer, 1999, 42(12): 2233－2242.

［21］　Myers T G, Charpin J P F, Thompson C P. Slowly accreting glaze ice due to supercooled water impacting on a cold surface［J］. Physics of Fluids, 2002, 14(1): 240－256.

［22］　Tran P, Brahimi M T, Tezok F, et al. Numerical simulation of ice accretion on multiple element configurations［C］. Reno: AIAA 34th Aerospace Sciences Meeting and Exhibit, 1996.

第3章
静止部件三维结冰的数值模拟

从 20 世纪 80 年代开始,数值模拟成为结冰预测的重要手段之一。早期的数值模拟主要以二维结冰计算为主,随着研究的深入,研究者开始关注复杂表面的结冰问题,比如进气唇口、整流帽罩等。这些表面具有明显的三维特征,如果将其简化成二维问题,会带来较大误差。因此有必要开展三维结冰计算方法研究。

当二维结冰计算向三维结冰计算拓展时,会引入一些新的问题,比如需要发展适用于三维的结冰热力学模型;需要在明冰及混合冰工况下确定表面溢流水的流动方向以及流量等。事实上,在三维计算中,如何合理地分配溢流水一直是三维计算的一个难点。本章对三维结冰计算中引入的问题给出了相应的解决方法,依据二维结冰计算从驻点开始逐步向后推进的思路发展了三维结冰计算方法,开发了相应程序,完成了算例验证。本章发展的三维结冰计算方法可为三维结冰计算提供一种可行的研究思路。

3.1　三维结冰计算方法

3.1.1　结冰热力学模型的改进

在三维结冰计算中,结冰热力学模型依然采用基于 Messinger 的结冰热力学模型,方程有两个——质量守恒方程和能量守恒方程。与二维的显著区别是,溢流水可能从控制单元的一边流入,也可能从控制单元的两边流入,流出亦是如此。因此三维计算的结冰热力学模型改写成如下形式:

$$\dot{m}_{\mathrm{imp}} + \sum \dot{m}_{\mathrm{in}} = \sum \dot{m}_{\mathrm{out}} + \dot{m}_{\mathrm{ice}} + \dot{m}_{\mathrm{evap}} \tag{3-1}$$

$$\sum \dot{Q}_{\mathrm{in}} + \dot{Q}_{\mathrm{imp}} + \dot{Q}_{\mathrm{ice}} = \sum \dot{Q}_{\mathrm{out}} + \dot{Q}_{\mathrm{conv}} + \dot{Q}_{\mathrm{evap}} \tag{3-2}$$

流入控制单元的水量是通过不同边流入的水量的和,因此采用加和的形式 $\sum \dot{m}_{\mathrm{in}}$,相应地流入水带入的热量为 $\sum \dot{Q}_{\mathrm{in}}$,而溢流出的水可能通过不同边流出,因此总的流出水量也需要加和 $\sum \dot{m}_{\mathrm{out}}$,相应地流出水带走的热量为 $\sum \dot{Q}_{\mathrm{out}}$。 控制体内其他的质量项和能量项不变。

3.1.2　溢流水的分配

在混合冰和明冰的计算中,控制单元中由于水没有完全冻结,未冻结的水在空气的作用下流入到相邻的控制单元中,这就是溢流。对于二维计算,水流向的下一个控制单元是明确的,计算可由驻点开始,沿空气的流向依次向后推进。对于三维计算,当前控制单元中未冻结的水到底流向与之相邻的哪个控制单元,这是三维计算中需要解决的关键问题。

Messinger 模型认为水膜的流动主要依靠空气流动产生的拖曳力,因此水膜流动方向与壁面附近空气流动方向是一致的。本章发展的三维结冰方法采用非结构四面体网格,在壁面上,为三角形网格,控制单元为三角形网格垂直壁面法线方向向外拉伸形成的三棱柱。此处,溢流水分配的原则是:从某一控制单元流出的水量分配到邻近控制单元的水量根据几何分析的结果获得。具体为:如图 3-1 所示(为了方便,此处直接用面网格显示,读者可以设想将此三角形面网格沿垂直纸面的方向拉伸形成三棱柱的控制单元),与之有面相邻的控制单元有 3 个(边界上是 2 个),这里假设溢流水只流向与当前网格单元有面相邻的单元。水的溢流方向由空气的速度方向决定,如图 3-2 所示,当前单元的中心点 O 和相邻单元的中心点 O_1 形成矢量 OO_1,点乘空气的速度矢量 V,可以获得两个矢量之间的夹角 φ_1。与当前单元有面相邻的单元一共有 3 个,因此这样的夹角也有 3 个,比较这 3 个(若网格单元在边界上则有 2 个)夹角的大小,若夹角大于 $90°$,认为水不会流向该单元,若夹角小于 $90°$ 则认为水可以流入该单元,流入量的大小,根据夹角的大小按比例分配,夹角越小则流入水量越大。如图 3-2 所示,假如满足流入条件的只有 φ_1、φ_2,则流入单元 O_1 和 O_2 的溢流水量分别为

$$m_{\text{out}O_1} = \frac{\varphi_2}{\varphi_1 + \varphi_2} m_{\text{out}} \tag{3-3}$$

$$m_{\text{out}O_2} = \frac{\varphi_1}{\varphi_1 + \varphi_2} m_{\text{out}} \tag{3-4}$$

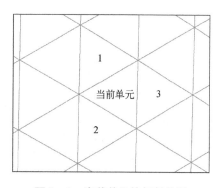

图 3-1　当前单元的相邻单元

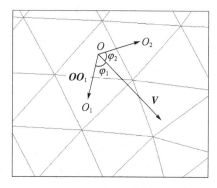

图 3-2　空气流速与网格
中心点矢量夹角

3.1.3 滞止单元的选取

三维结冰结算中,对每个单元进行结冰热力学计算时,可以采用迭代的方法。即初始时刻假设每个单元流入水量为零,之后对每个单元进行能量守恒和质量守恒迭代计算,当所有控制单元本次计算的结冰量与上次计算的结冰量误差小于某个值,则认为收敛,一个时间步的计算结束。这种方法需要在每个时间步内多次遍历所有的控制单元,计算速度比较慢,适用于单步法。

本章将二维结冰计算中溢流水的计算思路拓展到三维,试图寻找一种更高效的控制单元遍历方法。三维计算中,首先要找到滞止单元,滞止单元是起始计算单元,因此不存在上游溢流水流入,即流入水量为零。若是二维计算,滞止单元只有一个,即驻点所在的控制单元。但是三维计算中滞止单元有很多,如图3-3所示,单元1~10可能都是滞止单元,在程序中如何寻找、确定这些单元是一个较困难的问题,如果通过坐标寻找就会限制该方法的通用性。这里根据单元的法向量与水滴撞击速度的矢量点乘的结果大于某个数值(也即二者之间夹角小于某个角度),确定一部分网格单元为滞止单元。如图3-3所示,单元1~20可能都被当作滞止单元,而这些网格并不都是真正的滞止单元,有些单元是有溢流水流入的。先遍历这些控制单元,计算这些单元上的结冰量,确定各个单元中溢流水的流出量和将要流入的单元的编号。溢流水流入的单元即为下一次遍历的计算单元,对于下一次的计算单元不管前一次是否被计算过,都需要重新进行结冰计算。如图3-3所示,以单元16为例,第一次遍历时作为计算单元,但是单元17和15都有溢流水流入单元16,在下一次计算中,单元16仍被当作计算单元,并且要重新计算该单元的结冰量、溢流水量以及溢流水流向的单元编号。

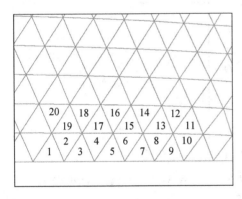

图3-3 确定当前单元

以上过程可以看出,在初始计算时,不需要精确地知道滞止单元都有哪些,只需要大概地选定一些网格单元作为起始计算单元即可,但是选定的这些网格单元必须全部包含真正的滞止单元。这样一来每一次的遍历都只是结冰表面很少一部分网格,因此比全部遍历速度更快。

3.1.4 三维结冰计算流程

在确定了起始计算单元组、明确了溢流水分配原则、改进了质量和能量方程后,可以进行三维结冰计算。计算流程如图3-4所示。

$t=0$时,首先确定当前计算单元组,初次计算的当前单元组为滞止单元组,之

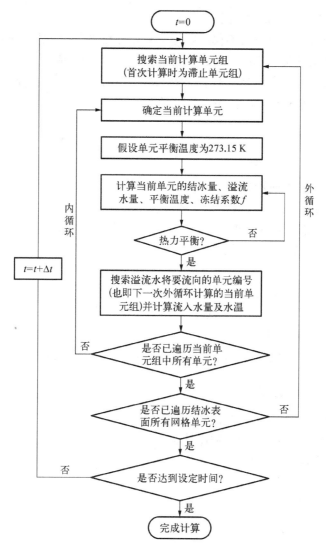

图 3-4 三维结冰计算流程图

后根据 Messinger 结冰热力学模型中的能量守恒和质量守恒方程,对当前单元组中
每个控制单元进行结冰热力学计算,此时进行的是内循环过程,通过内循环获得当
前单元组中每个单元的结冰量、溢流水量。根据以上溢流水的分配方法确定溢流
水的流向及流量,并标记水流向的网格单元编号,也即下一次内循环需要计算的网
格单元,下一次内循环要计算的网格单元组成了下一次计算的当前单元组。遍历
当前计算单元组中所有单元后,本次内循环结束。然后进入外循环,搜索下一次当
前单元组,之后再次进入内循环,如此不断地向后推进,直到遍历结冰表面上所有
的控制单元。至此,一个时间的所有控制单元的结冰计算完成,而后进入下一个时

间步的循环,当达到设定时间时,计算完成。

该三维结冰的计算方法不仅能够完成单步法结冰计算,同样更适用于多步法结冰计算。该方法无须提前判定冰的类型,适用于明冰、混合冰、霜冰计算。对所有的控制单元直接进行结冰计算,由冻结系数 f 判定结冰类型,若为霜冰,则溢流水为零,其他处理方式与明冰、混合冰一致。

3.2　三维结冰计算程序开发

3.2.1　程序的设计方案

根据结冰的物理过程,可以将结冰分为两相流计算、过冷水滴撞击特性计算、结冰量计算、固体边界重构四个部分,在结冰程序设计中,将每个部分单独作为一个模块。各模块的主要任务如下。

1. 两相流计算模块

两相流计算模块的主要任务是: ① 通过 N-S 求解器获取空气场的速度、温度分布; ② 通过拉格朗日法获得水滴在空气场中的运动轨迹。

2. 过冷水滴撞击特性模块

在两相流计算的基础上,获得过冷水滴撞击结冰部件表面时的撞击量、撞击角度、撞击速度等水滴参数。

3. 结冰量计算模块

获得了两相流场及水滴撞击特性参数后,根据 3.1 节的三维结冰计算方法,开发三维结冰计算程序。采用该程序计算每个控制单元的结冰量。

4. 固体边界重构模块

获得了每个控制单元的结冰量以后,根据式(3-5)计算出一个时间步长内每个单元冰层的生长高度:

$$\Delta H_i = \frac{m_{\text{ice}}}{\rho_{\text{ice}} \cdot A} \qquad (3-5)$$

每个网格中冰层的移动沿着结冰表面的外法线方向。对于一个网格节点 $P(x, y, z)$,与其相邻的控制单元有 M 个,P 节点移动的方向和距离根据如下公式计算:

$$\boldsymbol{n} = \boldsymbol{n}_1 + \boldsymbol{n}_2 + \cdots + \boldsymbol{n}_M$$
$$\Delta H = (\Delta H_1 + \Delta H_2 + \cdots + \Delta H_M)/M$$

因此 P 节点的新坐标可以表示成:

$$P(x', y', z') \begin{cases} x' = x + \Delta H \cdot \boldsymbol{n}_x/\boldsymbol{n} \\ y' = y + \Delta H \cdot \boldsymbol{n}_y/\boldsymbol{n} \\ z' = z + \Delta H \cdot \boldsymbol{n}_z/\boldsymbol{n} \end{cases} \qquad (3-6)$$

遍历结冰表面所有的点,得到每个点对应的新的坐标,即可得到结冰后的部件外形。

3.2.2 各模块功能的实现

各模块功能可以自行编写程序或者采用基于商用软件的二次开发两种实现途径。本章采用了第二种途径,在商用软件 FLUENT 的 N−S 求解器和 DPM 模型基础上采用二次开发实现结冰计算。

两相流计算模块直接采用 N−S 求解器和 DPM 模型计算获取空气场数据和水滴轨迹;过冷水滴撞击特性模块采用 UDF(user defined function)实现;结冰量计算模块为开发程序的核心部分,同样采用 UDF 实现;固体边界重构模块则采用 UDF 和动网格共同实现。图 3−5 为二次开发程序与计算模块之间的关系。

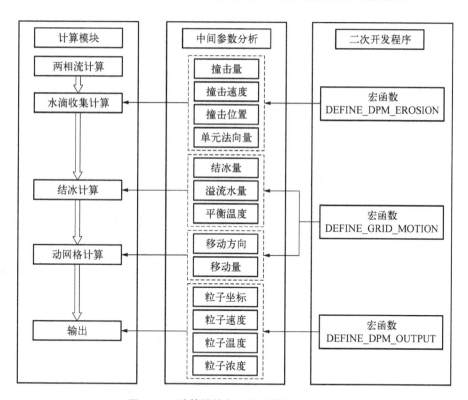

图 3−5 计算模块与二次开发程序关系图

在二次开发程序中,主要采用了 DPM 宏函数 DEFINE_DPM_EROSION 和动网格宏函数 DEFINE_GRID_MOTION。宏函数 DEFINE_DPM_EROSION 用来获取水滴撞击位置、撞击量等参数,为后续的结冰计算做准备;宏函数 DEFINE_GRID_MOTION 中的计算程序则包含两部分,第一部分为遍历结冰表面的控制单元,利用结冰热力学模型计算各单元内的结冰量;第二部分则根据各控制单元的结冰量计算结冰表面上各节点的移动量和移动方向,并实现网格的移动。

除了结冰计算的四个模块以外,在程序中还添加了数据的输出模块,两相流计算完成后,采用宏函数 DEFINE_DPM_OUTPUT 可将出口处的水滴分布输出。在发动机结冰计算中可用于输出进气道出口处的水滴分布作为发动机进口的水滴分布参数。

上述的程序开发工作同样可以在其他商用软件或者开源代码的 N-S 求解器基础上完成。在使用编写的程序进行结冰计算时,操作流程如图 3-6 所示。

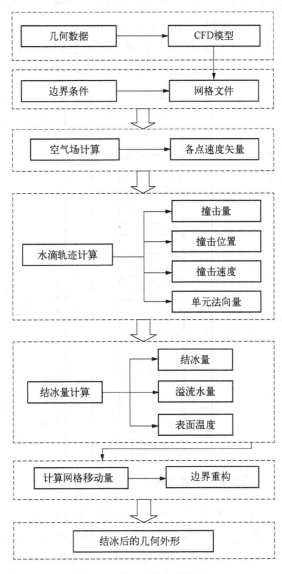

图 3-6 结冰计算操作流程图

3.3 三维结冰程序验证和应用

本节计算了 MS(1)-317、GLC-305 翼型结冰,此处选择的翼型均是后掠翼型,尽可能体现三维效果,计算冰形与试验冰形进行了对比,验证了发展的三维结冰计算程序的有效性。在此基础上利用计算程序研究了三维帽罩结冰并进行了分析。

3.3.1 MS(1)-317 翼型结冰计算

MS(1)-317 翼型,后掠角为 30°,在翼面的不同展向位置,沿流动方向的截面均为相同的 MS(1)-317 翼型,弦长 0.914 4 m,如图 3-7 所示,计算工况如表 3-1 所示。

表 3-1 计算工况

参 数 名 称	参 数 值
流速/(m/s)	67.05
LWC/(g/m³)	1.03
温度/℃	-2.2
水滴直径/μm	20
攻角/(°)	8
时间/s	390

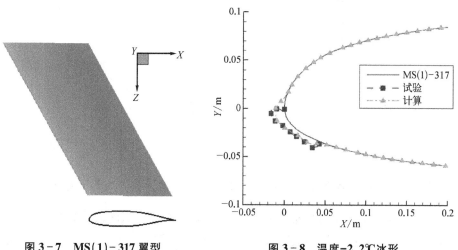

图 3-7 MS(1)-317 翼型   图 3-8 温度-2.2℃冰形

提取展向中心位置的二维截面的冰形图与试验结果[1, 2]进行对比,如图 3-8

所示。从图上看出结冰厚度与试验结果十分吻合,冰层的生长趋势与试验结果基本相符,结冰下极限与试验一致,但上极限比试验略大。计算冰形总体上能够较好地反映试验冰形的特点。

3.3.2　GLC-305 翼型结冰计算

如图 3-9 所示,截面为 GLC-305 的后掠翼,翼根弦长 0.640 08 m,翼尖弦长 0.256 03 m。计算工况见表 3-2。

表 3-2　计算工况

参　数　名　称	参　数　值
流速/(m/s)	111.76
LWC/(g/m³)	0.68
温度/℃	-3.89
水滴直径/μm	20
攻角/(°)	4
时间/s	120

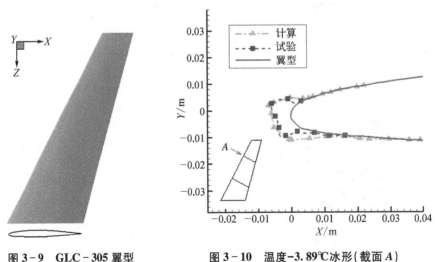

图 3-9　GLC-305 翼型　　　　图 3-10　温度 -3.89℃冰形(截面 A)

截取了垂直于前缘的截面 A 和截面 B,以及平行于来流的截面 C 三个截面(图 3-10~图 3-12)的冰形与文献[3]进行了对比。从图 3-10 的对比可以看出,结冰厚度与试验结果基本相符,结冰的上极限和下极限比试验值略大,但冰层生长的趋势与试验结果基本一致。从图 3-11 的对比结果可以看出,冰层的上极限、下极限、最大结冰厚度都与试验值相吻合,但图中左上角突出的冰角模拟结果欠佳。从图 3-12 的对比结果可以看出,结冰上极限、下极限、最大结冰厚度与试验冰形吻合很好,模拟计算得到的冰形与试验冰形十分相似。总体来看,三个截面的冰形与试验结果吻合良好。

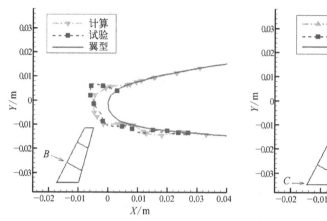

图 3-11　温度-3.89℃冰形(截面 B)　　　图 3-12　温度-3.89℃冰形(截面 C)

通过对 MS(1)-317、GLC-305 翼型的结冰计算看出本章发展的三维结冰计算程序能够较好地反映撞击水三维溢流、冻结的特点。因此,在 3.3.3 节将采用该程序进行发动机进口帽罩的三维结冰计算。

3.3.3　发动机进口帽罩结冰计算

本节对航空发动机进口帽罩进行三维结冰数值计算。帽罩底面直径为 300 mm,帽罩高 173 mm,顶部的倒圆尺寸如图 3-13 所示。

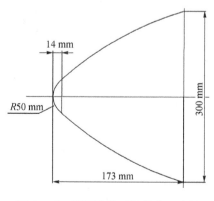

图 3-13　帽罩结构以及基本尺寸图

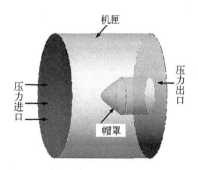

图 3-14　帽罩计算边界条件

计算边界条件如图 3-14 所示,选取一个直径为帽罩底面直径 3 倍的圆柱体作为计算域,进口为压力进口,出口为压力出口,侧面为无滑移壁面边界。计算条件如表3-3所示。

表3-3　计算条件

质量流量	进口总温	总压	MVD	LWC	计算时间
120.00 kg/s	258 K	101 325 Pa	20 μm	1 g/m³	1 min
					2 min
					3 min

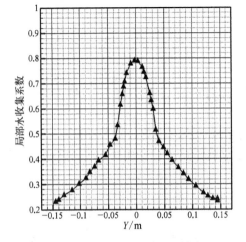

图3-15　帽罩中间截面收集系数曲线图

图3-15为该帽罩中间截面($z=0$)处的壁面水滴收集系数曲线。图中可以看出驻点处水滴收集系数最高,大约为0.79,从驻点向两侧水滴收集系数逐渐降低。图3-16是帽罩表面在不同时间的结冰图,图3-17是帽罩顶部区域的局部放大图。

从图中可以看出,在该计算条件下,结冰为典型的霜冰情况,帽罩表面前1/3段有明显积冰现象,其中驻点处的结冰量最多,随着时间的推进,冰层不断地向外生长,后2/3段有极少量的结冰,主要原因是由于后2/3段表面上的水滴收集量较少。

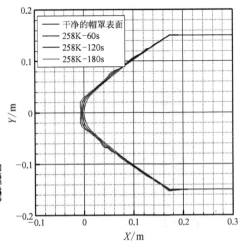

图3-16　帽罩258 K结冰曲线图

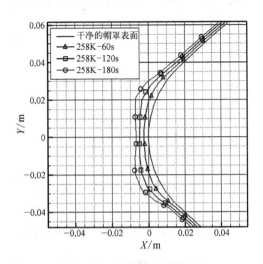

图3-17　驻点附件结冰冰形

3.4　本　章　小　结

本章发展了适用于明冰、霜冰、混合冰的三维结冰计算方法并编写相应的计算程序,该程序既能进行单步法结冰计算,同时也能进行多步法结冰计算。采用开发的三维结冰程序计算了 MS(1)-317 后掠翼、GLC-305 后掠翼的结冰并与文献中试验结果进行了对比,验证了三维结冰计算方法和计算程序的可靠性,之后对三维帽罩结冰进行了计算及分析,通过计算表明本章发展的三维结冰计算方法以及开发的计算程序能够较好地完成静止部件三维结冰计算。三维结冰计算方法和计算程序可用于完善防冰系统设计技术及指导型号设计,同时也为旋转部件的三维结冰计算奠定基础。

参考文献

[1]　Potapczuk M G, Bidwell C S. Numerical simulation of ice growth on a MS-317 swept wing geometry[R]. AIAA-1991-263, 1991.

[2]　Bidwell C S. Icing characteristics of a natural laminar flow, a medium-speed, and a swept medium-speed airfoil[R]. AIAA-1991-447, 1991.

[3]　Papadakis M, Yeong H W, Wong S C. Aerodynamic performance of a swept wing with ice accretions[R]. AIAA-2003-731, 2003.

第4章
旋转帽罩结冰数值模拟与冰风洞试验

航空发动机旋转帽罩表面结冰受到离心力的作用容易产生脱落,并可能随气流进入发动机的核心机,给发动机的正常工作带来严重的安全隐患。旋转效应对结冰的影响包括两方面: ① 旋转引起周围空气场变化,进而影响水滴轨迹;② 旋转使得撞击到表面的水滴在离心力的作用下被甩出,进而导致水收集量减少,从而导致结冰量减少。研究表明旋转引起空气场的变化对水滴轨迹影响较小[1,2],因此旋转产生的离心力对表面水收集及结冰的影响是旋转帽罩结冰不同于静止部件结冰的一个主要因素。

本章对三维旋转帽罩水滴撞击特性和结冰进行了研究,考虑了由于旋转导致的水甩出,提出了一种旋转部件三维结冰的计算方法,并对某发动机旋转帽罩的三维结冰进行了数值模拟和试验研究。

4.1　三维旋转部件表面水收集系数计算

旋转帽罩的结冰计算中,空气场的计算方法以及水滴的控制方程与三维静止部件采用的方法是一致的,不同的是旋转部件壁面采用的是旋转边界。当部件旋转时,表面水的收集量会发生很大变化,进而影响到结冰量的变化。本节研究了旋转部件表面计算水收集量的一种方法,并对不同工况条件下表面水收集系数进行了分析。

4.1.1　考虑甩水效应的旋转表面水滴收集量计算

水滴撞击在旋转帽罩表面时,是否能够黏附在表面,与水滴的表面张力和离心力是密切相关的。本章假设在一个微小的时间间隔 Δt 内,撞击在表面的水是以水滴的形式存在,当很多小水滴撞击在同一点时,形成一个大水滴,当水滴尺寸大到一定程度时,其离心力大于表面张力,于是水滴被甩掉。因此,旋转表面能够黏附的最大的水滴尺寸可通过离心力与表面张力的平衡获得,计算过程如下。

先假设一个水滴微团,它由多个水滴融合而成。θ 为已知的接触角,由图4-1可知,撞击到表面后水滴微团的体积为

$$V = \int_h^R \pi(R^2 - h^2)\,\mathrm{d}h = R^3\left(\frac{2}{3}\pi - \pi\cos\theta + \frac{\pi}{3}\cos^3\theta\right) \qquad (4-1)$$

假设表面张力系数 σ 已知,旋转帽罩以一定转速旋转,当离心力与表面张力平衡时,如图 4-2 所示,可以得出帽罩表面可以留下的水滴的最大质量为

$$m\Omega^2 r = \sigma \cdot 2\pi r_1 \sin\theta \qquad (4-2)$$

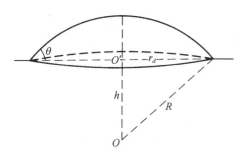

图 4-1　水滴微团的体积

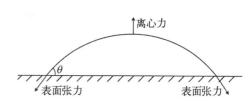

图 4-2　离心力与表面张力平衡

将公式(4-1)代入公式(4-2)化简得

$$R^2 = \frac{2\pi\sigma\sin^2\theta}{\rho\Omega^2 r_1\left(\dfrac{2}{3}\pi - \pi\cos\theta + \dfrac{\pi}{3}\cos^2\theta\right)} \qquad (4-3)$$

进而求得能够在旋转帽罩表面留下的单个水滴微团质量为

$$m_{\text{single}} = \frac{\rho(2\pi\sigma\sin^2\theta)^{1.5}}{(\rho\Omega^2 r_1)^{1.5}\left(\dfrac{2}{3}\pi - \pi\cos\theta + \dfrac{\pi}{3}\cos^2\theta\right)^{0.5}} \qquad (4-4)$$

假设在一个网格单元中有若干个水滴微团,根据面积计算出水滴微团的数量。如图 4-3 是一个计算网格,网格面积 S_{cell} 已知,单个水滴微团面积可以通过计算得出,即

$$S = \pi(R\sin\theta)^2 \qquad (4-5)$$

一个计算网格内的水滴个数为

$$n = S_{\text{cell}}/S \qquad (4-6)$$

式(4-6)取整数,进而可以得到一个

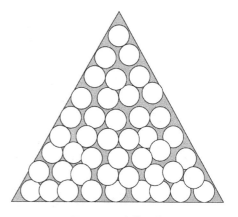

图 4-3　计算网格

网格内留下的水滴的总质量：

$$m_{\text{residual}} = m_{\text{single}} \times n \qquad (4-7)$$

由式(4-7)即可得到每个网格单元上实际收集的水量。将这些水等效成一层薄水膜,则水膜厚度可通过式(4-8)计算：

$$h_{\text{thickness}} = m_{\text{residual}}/(\rho S_{\text{cell}}) \qquad (4-8)$$

以上为考虑甩水效应的旋转表面水滴收集量的计算方法。空气流场计算结束后,采用拉格朗日法计算水滴的运动轨迹和撞击特性,考虑甩水效应的水收集量计算采用 UDF 宏函数进行实现。计算流程如图 4-4 所示。

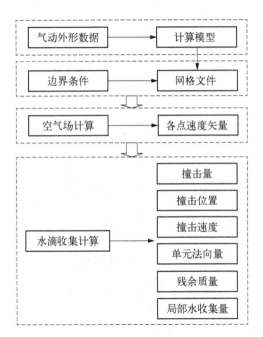

图 4-4　水收集量计算流程图

4.1.2　算例及分析

本节对某航空发动机旋转帽罩的水滴撞击特性进行了计算,其模型及边界条件如图 4-5 所示,分析了变转速和变锥角时,旋转帽罩表面水收集系数的变化。帽罩高度为 0.15 m。计算工况如表 4-1 和表 4-2所示,表 4-1 为变转速的计算工况,表 4-2为变几何(锥角)的计算工况。

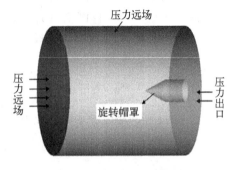

图 4-5　模型及边界条件

表 4-1　工况 1

半锥角 α/(°)	转速/(r/min)	液态水含量/(g/m³)	水滴直径/μm	进口速度/(m/s)	压力远场/Pa
30	0	1.5	20	65	101 325
	3 000				
	6 000				
	9 000				

表 4-2　工况 2

转速/(r/min)	半锥角 α/(°)	液态水含量/(g/m³)	水滴直径/μm	进口速度/(m/s)	压力远场/Pa
6 000	15	1.5	20	65	101 325
	20				
	30				

1. 转速对水滴撞击特性影响

工况 1 计算半锥角为 30°,转速分别为 3 000 r/min、6 000 r/min、9 000 r/min 时,旋转帽罩的局部水收集系数和水膜厚度。图 4-6 和图 4-7 为不同转速下局部水收集系数和水膜厚度的计算结果。图 4-8 和图 4-9 为锥尖位置的放大图。从图中可以看出,转速越高,局部水收集系数越小,水膜厚度也越小,水收集系数和水膜厚度的最大值均出现在锥尖附近,且沿轴向逐渐减小,由于旋转效应的存在,水滴在帽罩表面分布比较均匀。

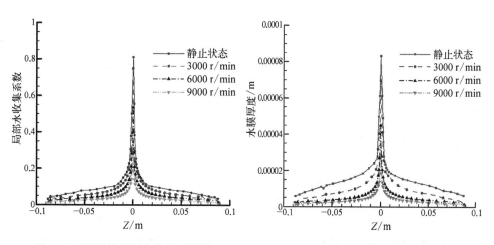

图 4-6　不同转速下水收集系数图　　　图 4-7　不同转速下水膜厚度图

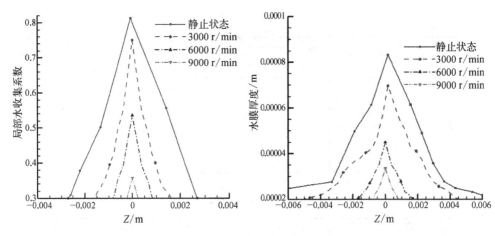

图 4-8　锥尖位置水收集系数对比放大图　　　图 4-9　锥尖位置水膜厚度对比放大图

2. 锥角对水滴撞击特性影响

图 4-10 和图 4-11 分别给出了旋转帽罩转速为 6 000 r/min 时,旋转帽罩半锥角分别为 15°、20°和 30°时的局部水收集系数和水膜厚度的比较。图 4-12 和图 4-13 为锥尖位置的局部放大图。

从图 4-10、图 4-12 中可以看出,旋转帽罩最大局部水收集系数出现在帽罩锥尖附近。锥角越大,帽罩的局部水收集系数就越大,帽罩后部其下降幅度越小。从图 4-11、图 4-13 可以看出,旋转帽罩的水膜最大厚度出现在帽罩锥尖附近,锥角越大,帽罩的水膜厚度就越大,锥角越小,水膜厚度减小的幅度就越大。这是因为锥角大时,迎风面积较大,因此收集系数和水膜厚度都比较大,而锥角小时,水滴更容易绕过帽罩流走,因此水膜厚度减小的幅度增加。

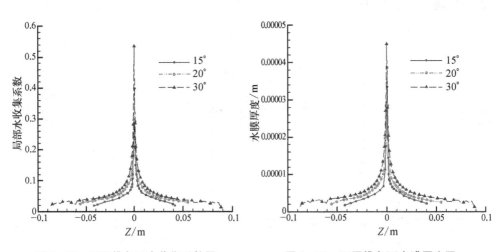

图 4-10　不同锥角下水收集系数图　　　　图 4-11　不同锥角下水膜厚度图

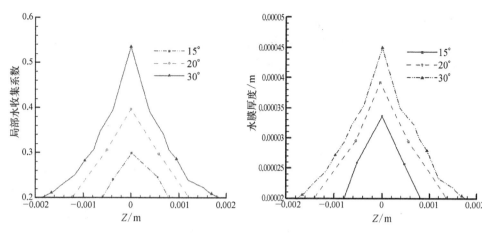

图 4 - 12 锥尖位置水收集系数对比放大图　　图 4 - 13 锥尖位置下水膜厚度对比放大图

4.2 结冰计算方法

　　旋转帽罩表面结冰计算依然采用改进的 Messinger 结冰热力学模型。计算前，首先假设撞击在表面的水由于离心力先甩掉一部分，留在帽罩表面的水再进行结冰计算，计算结冰量的方法与静止部件是类似的。

　　对结冰表面的控制单元，质量守恒方程可写成如下形式：

$$\dot{m}_{\text{residual}} + \sum \dot{m}_{\text{in}} = \sum \dot{m}_{\text{out}} + \dot{m}_{\text{ice}} + \dot{m}_{\text{evap}} \qquad (4-9)$$

其中，$\dot{m}_{\text{residual}}$ 为留在旋转表面的水量，即撞击在表面的水由于离心力甩掉一部分以后，仍留在表面的水量。

　　能量守恒方程可以写为

$$\sum \dot{Q}_{\text{in}} + \dot{Q}_{\text{residual}} + \dot{Q}_{\text{lat}} = \dot{Q}_{\text{evap}} + \sum \dot{Q}_{\text{out}} + \dot{Q}_{\text{conv}} \qquad (4-10)$$

其中，$\dot{Q}_{\text{residual}}$ 表示甩水后壁面留下的水所带入的能量。

　　为了描述方便，定义一个新的物理量 Ratio 为残留水的比例，其表达式为

$$Ratio = \frac{\dot{m}_{\text{residual}}}{\dot{m}_{\text{imp}}} \qquad (4-11)$$

此表达式的意义是，在一定转速下旋转帽罩可以承载的水的最大质量与该处撞击水的比值。对于不同形状的帽罩，在不同工况下，其值是不同的，根据残留水的比例沿帽罩轴向变化的公式，写入程序中，可以计算出沿轴向帽罩表面留下的水质量，进而计算结冰量。

　　这种旋转帽罩结冰计算方法前提是假设水撞击表面后先被甩掉一部分，剩余

的水之后再冻结,而事实上撞击到表面的水更可能是在甩掉的过程中逐渐冻结。采用目前的计算方法可以获得表面结冰的质量和分布,但是没有办法模拟出"针状"或"羽毛状"的冻结形态,这是该方法的一个不足之处。

4.3　旋转帽罩结冰的试验验证

4.3.1　试验风洞及测试设备

试验采用回流式结冰风洞,图 4-14 为风洞示意图。试验段直径为 600 mm。试验段主要用于放置结冰所需的试验件,风扇段位于风洞第二拐角之后,主要是尽可能将风扇引起的流场扰动远离试验段,在气流经过足够的整流后,达到试验段流场指标。喷雾装置位于收缩段之前,液态水的供给通过计量泵控制。风洞的运行参数为:风速≤200 m/s,LWC 为 0.2~3 g/m³,温度最低可达-30℃,水滴直径范围 5~50 μm。

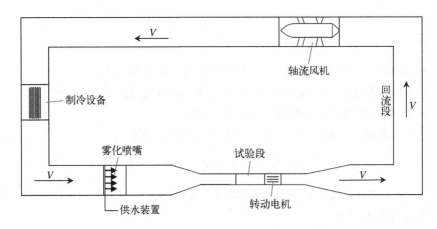

图 4-14　试验风洞示意图

风洞流速依靠调节轴流风机的转速来实现;水滴平均直径通过调节雾化喷嘴的供水压力达到要求的粒径值;液态水含量通过调节计量泵的流量实现。旋转试验件通过与电机连接,提供旋转驱动力。图 4-15 为试验风洞测试系统的测量原理图,测试系统包括传感器、二次仪表和数据采集系统。试验过程中的压力和温度分别由传感器产生压力信号和电信号经过 ADAM4117 模块和 ADAM4118 模块采集。

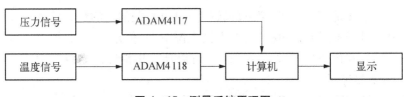

图 4-15　测量系统原理图

测试系统的测量传感器主要包括：

（1）来流总温用安装在试验段前防冰温度受感部测量，精度±2℃；

（2）来流总、静压用防冰总、静压受感部测量，精度 1%；

（3）来流风速由总、静压测量结果利用气动函数关系换算得到；

（4）雾化水流量由雾化系统中流量计测量；

（5）雾化气体压力由总压传感器测量，精度 1%；

（6）平均有效水滴直径是在雾化喷嘴校准试验中，采用多普勒粒子分析仪进行测量并确定获得规定平均直径的形成条件，通过控制喷嘴进口雾化空气压力调整平均水滴直径。

4.3.2　云雾参数标定方法

在进行结冰试验时，水滴平均体积直径（MVD）和液态水含量（LWC）是衡量结冰条件的主要参数。

1. 水滴平均体积直径标定

结冰风洞流场中水滴平均体积直径的测量方法归纳起来主要有前向散射分光测量仪测量法、光学阵列测量仪测量法、相位多普勒粒子分析仪测量法、机载粒子分析仪和光纤光学测量系统等测量方法。本试验用于标定水滴直径的粒子测量系统是相位多普勒粒子分析仪。

相位多普勒粒子分析[3]（phase Doppler particle analyzer）是利用多普勒效应来测量运动粒子的相关特性，由激光多普勒测速仪（laser Doppler velocimetry，LDV）发展而来。相位多普勒粒子分析仪用于对喷雾流动的测量，能够提供定量、实时的两相流动信息，测量的精确度较高。其测量原理依据的是 Lorenz-Mie 散射理论，一般包括激光发射器、入射光学元件、接收光学元件、信号处理元件及数据处理元件等几部分。如同声波存在的多普勒效应一样，光源与物体产生的相对运动也会具有多普勒效应。在相位多普勒粒子分析仪中，依靠运动液滴的照射光与散射光之间的频率差来获得液滴的速度信息，而穿越被测球形液滴的激光会发生反射或者折射，通过分析散射光所产生的相位移动，就可以确定粒径的大小。

2. 液态水含量标定

液态水含量是结冰风洞试验的重要参数，液态水含量的大小会影响结冰的类型、冰的冻结速度、结冰表面的溢流水是否会冻结等。液态水含量的测量方法[4]有冰生长测量法、热线测量法、粒径测量/计数测量法、超声波测量法 4 种类型。鉴于冰生长测量法所需要的设备比较简便且成本较低，同时该方法所测得的液态水含量结果在试验误差范围内，所以本试验采用冰生长测量法来测量试验时冰风洞来流所含的液态水含量。

冰生长测量法常用的测量设备为旋转圆柱装置或冰刀。在本试验中，LWC 的测量采用冰刀测量。将冰刀的迎风面放于试验段,经过一定的时间,根据冰刀的结冰厚度来反算出液态水含量[5]。由于此方法不能进行实时测量,先用此方法标定液态水含量的参数,在试验时通过调节雾化喷嘴系统中的气压和水压来控制试验所需的水滴直径和液态水含量。

4.3.3   试验数据采集方法

本试验采用相机拍照的方式采集结冰冰形。相机安装在试验段观测窗口的外侧,直流光源通过装置固定安装在另一侧观察窗外,对试验件进行照明。相机和光源安装位置示意图如图 4-16 所示。拍照之后,根据事先在风洞内壁上画出的标尺确定尺寸,之后将冰形绘出。

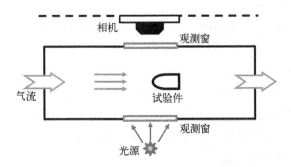

图 4-16   冰形采集系统安装示意图

4.3.4   帽罩结冰试验件

用于试验的帽罩示意图如图 4-17 所示,实物如图 4-18 所示。

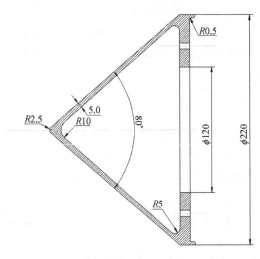

图 4-17   帽罩示意图(单位: mm)

图 4-18   帽罩实物图

旋转帽罩的锥角是 80°，锥尖为半径 5 mm 的倒圆，锥高为 176 mm，锥底直径为 300 mm。试验段及试验件示意图如图 4 - 19 所示。

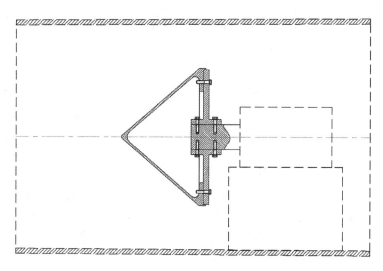

图 4 - 19　试验段及试验件示意图

旋转帽罩与电机之间需要设计安装座，将帽罩试验件安装在电机上，安装座如图 4 - 20 所示。安装座中心位置设置一个转轴连接通孔，通孔的上下设置榫槽，用于限定安装座和连接轴，使连接轴和安装座能够同步转动。

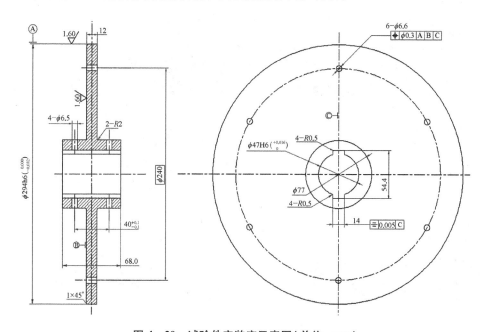

图 4 - 20　试验件安装座示意图(单位: mm)

4.3.5　帽罩结冰试验工况及结果

试验工况条件如表4-3所示,工况一为霜冰工况,工况二为明冰工况。

表4-3　工况条件

序号	转速/(r/min)	来流速度/(m/s)	温度/K	压力/Pa	水滴直径/μm	液态水含量/(g/m³)	结冰时间/s	特征长度/m
工况一	1 400	40	253.15	101 325	20	1	600	0.176
工况二	1 400	40	268.15	101 325	20	2	600	0.176

图4-21给出了工况一的试验结果,分别为初始状态、60 s、300 s、600 s时的结冰图像。初始时刻,试验件加载转速,处于无冰状态。60 s时,试验件表面形成了较薄的霜冰,此时由于试验件处于旋转状态,从图像上看试验件表面依然较为光滑;300 s时,试验件表面基本呈现为白色,可以发现试验件表面出现凹凸不平的现象,沿整个帽罩均有明显的冰增长;600 s时,停止喷水,试验件处于停止状态后,可

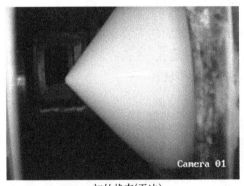

初始状态(无冰)

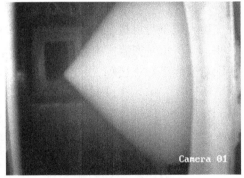

结冰时间t=60 s

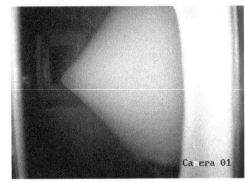

结冰时间t=300 s

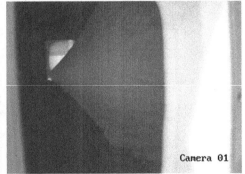

停止状态t=600 s

图4-21　工况一试验结果

以看出试验件表面在锥尖处较为平整,在锥面中后部,试验件表面为白色,不透明且凹凸不平,为明显的霜冰冰形。

图 4 - 22 给出了工况二的试验结果,分别为初始状态、60 s、300 s、600 s 时的结冰图像。初始时刻,试验件加载转速,处于无冰状态。60 s 时,从图像上看试验件表面形成了较薄冰层,从锥尖到锥底结冰比较光滑;300 s 时,在锥尖部分较平整,中后部出现了明显的冰羽,沿整个帽罩均有明显的冰增长,试验件锥尖位置的冰层变厚,结冰为透明状态;600 s 时,关闭喷水,试验件处于停止状态后,可以看出锥尖处出现了大块的冰羽,同时沿锥面存在大量无色透明的冰羽,为典型的明冰冰形。

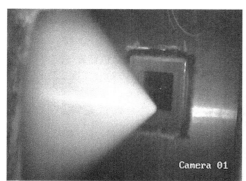
初始状态(无冰)

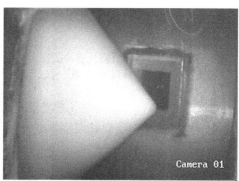
结冰时间t=60 s

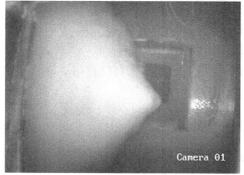
结冰时间t=300 s

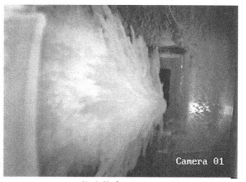
停止状态t=600 s

图 4 - 22　工况二试验结果

4.3.6　计算结果与试验结果对比

采用本章的旋转帽罩结冰计算方法,对相同工况条件下的旋转帽罩结冰试验进行了数值模拟,计算结果与试验结果对比如图 4 - 23 和图 4 - 24 所示。由于提取冰形时,很难准确提取冰羽的形状,因此只提取了除冰羽外的帽罩表面的冰形。

从计算和试验对比可以看出,工况一计算和试验结果吻合较好,工况二计算结

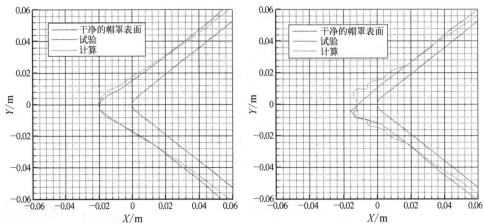

图 4-23　霜冰数值计算与试验　　　　图 4-24　明冰数值计算与试验
　　　　　结果对比(工况一)　　　　　　　　　结果对比(工况二)

果比试验结果略大,但是变化趋势相同,考虑到试验数据读取的误差,可以近似认
为数值模拟结果与试验结果基本吻合。

从以上对比可以看出,本章的三维旋转帽罩结冰数值计算方法尚不能计算出冰羽
的形态,但是仍可以计算除冰羽以外的旋转帽罩表面结冰,并且与试验结果基本吻合。

4.4　结冰参数对旋转帽罩结冰的影响

采用三维旋转帽罩结冰数值计算方法分析不同参数(转速、水滴直径、来流速
度、温度、液态水含量)对旋转帽罩结冰的影响,通过分析加深对旋转帽罩结冰的理
解和认识。

4.4.1　转速对结冰的影响

本小节研究了转速对结冰冰形的影响。计算工况如表 4-4 所示。

表 4-4　计算工况

转速/ (r/min)	速度/(m/s)	液态水含量/ (g/m³)	水滴直径 /μm	压力/Pa	温度/K	结冰时间/s
0						
1 000						
3 000	89.4	1	40	101 325	262	200
5 000						

计算得到的结冰冰形如图 4 - 25 所示,可以看出随着转速的增加,帽罩表面冰层越来越薄,并且表面也越来越光滑,这与实际情况是相符的。从图 4 - 26 中可以看出,帽罩静止时,在最大结冰厚度处有两个微小凸起的冰角,随着转速增加,冰角消失,这说明旋转会减少溢流水向后流动,使结冰冰形发生变化;而且转速越大,留到帽罩表面的水量越少,结冰厚度逐渐减小。

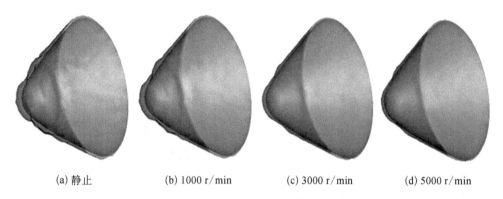

(a) 静止　　　　(b) 1000 r/min　　　　(c) 3000 r/min　　　　(d) 5000 r/min

图 4 - 25　不同转速时旋转帽罩表面结冰

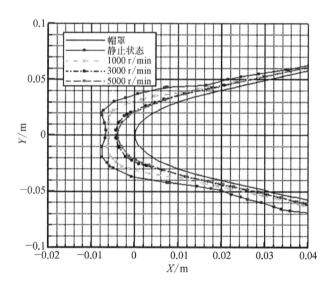

图 4 - 26　不同转速结冰冰形对比图

4.4.2　水滴直径对结冰的影响

为了研究在旋转情况下,水滴直径对旋转帽罩结冰的影响,计算了不同水滴直径时帽罩表面的结冰,工况如表 4 - 5 所示。

表 4 - 5　计算工况

水滴直径/μm	转速/(r/min)	速度/(m/s)	液态水含量/(g/m³)	压力/Pa	温度/K	结冰时间/s
10						
20	3 000	89.4	1	101 325	262	200
40						

不同水滴直径计算得到的冰形如图 4 - 27 所示。

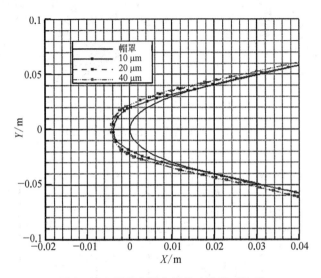

图 4 - 27　不同水滴直径结冰冰形对比图

由图 4 - 27 可以看出,水滴直径越大,撞击极限越远,结冰范围越大;但由于旋转效应的存在,帽罩相同位置的水滴承载能力相同,所以沿帽罩轴向向后,结冰厚度变化不大。

4.4.3　来流速度对结冰的影响

为了研究在旋转情况下,来流速度对旋转帽罩结冰的影响,计算了不同来流速度下帽罩表面的结冰,计算工况如表 4 - 6 所示。不同来流速度计算得到的冰形如图 4 - 28 所示。

由图 4 - 28 看出,随着来流速度的增加,锥尖附近结冰最大厚度略有增加;但是越往后,速度的影响越小。这是因为锥尖位置即为驻点位置,来流速度越高,在驻点附近水滴越难以改变方向绕过帽罩,因此撞击的水量就越多,而锥尖位置半径

表 4-6　计算工况

速度/(m/s)	转速/(r/min)	水滴直径/μm	液态水含量/(g/m³)	压力/Pa	温度/K	结冰时间/s
65						
75	3 000	40	1	101 325	262	200
89.4						

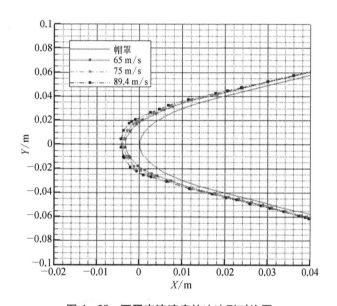

图 4-28　不同来流速度结冰冰形对比图

较小,转动的线速度较小,被甩掉的水量也比较少,因此来流速度对锥尖附近的结冰量影响较为显著。

4.4.4　温度对结冰的影响

为了研究在旋转情况下,温度对旋转帽罩结冰的影响,计算了不同温度下帽罩表面的结冰,计算工况如表 4-7 所示。不同温度计算得到的冰形如图 4-29 所示。

由图 4-29 可以看出不同温度下,冰形基本不变,但在驻点处有细微的不同。这是因为温度越高,水撞击到表面后流向下游的比例比较高,导致驻点附近结冰厚度越小。由于旋转撞击到表面的水被甩掉一部分,即使在 268 K 时,冰形也没有出现明显的冰角。

表 4-7 计算工况

温度/K	转速/(r/min)	水滴直径/μm	液态水含量/(g/m³)	压力/Pa	速度/(m/s)	结冰时间/s
253						
262	3 000	40	1	101 325	89.4	90
268						

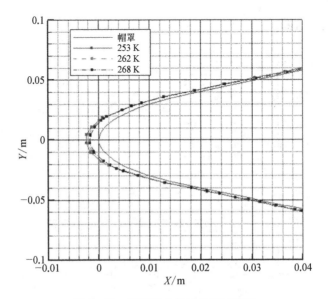

图 4-29 不同温度结冰冰形对比图

4.4.5 液态水含量对结冰的影响

为了研究在旋转情况下液态水含量的影响,计算了不同液态水含量下帽罩表面的结冰,计算工况如表 4-8 所示。

表 4-8 计算工况

液态水含量/(g/m³)	转速/(r/min)	水滴直径/μm	温度/K	压力/Pa	速度/(m/s)	结冰时间/s
0.5						
1	3 000	40	262	101 325	89.4	200
1.5						

不同液态水含量计算得到的冰形如图 4-30 所示。

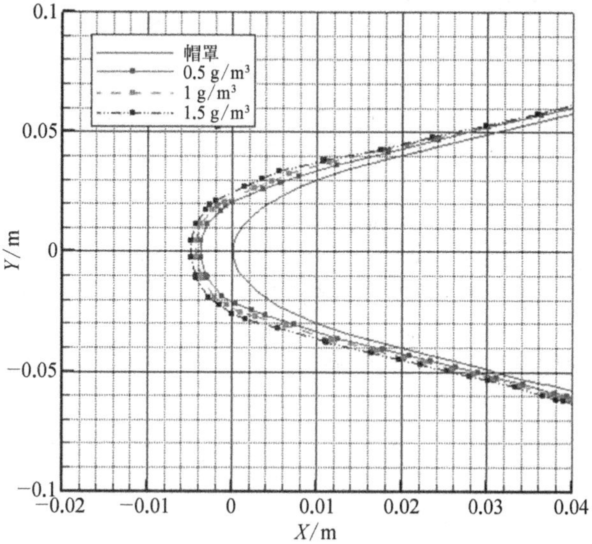

图 4-30　不同液态水含量结冰冰形对比图

由图 4-30 可以看出,液态水含量越大,驻点附近结冰越厚。当液态水含量为 0.5 g/m³ 时,沿帽罩轴向后部只形成薄薄一层冰。当液态水含量为 1 g/m³ 和 1.5 g/m³ 时,帽罩轴向后部,结冰厚度基本相同,说明此时液态水含量已经达到或超过了帽罩的承载能力。当液态水含量增大时,尽管有更多的水到达表面,但也有更多的水被甩出,因此帽罩后部结冰厚度不再变化。

从以上分析可以看出,锥尖附近由于线速度小,旋转的影响不明显,冰形的特点与静止部件是类似的;沿轴向向后,随着线速度的增加,旋转的影响逐渐增强,因为没有考虑"冰羽"的形成,当转速一致时即使其他参数发生变化,冰层厚度几乎是不变的。

4.5　本章小结

本章首先提出考虑甩水效应的三维旋转帽罩表面的水收集量计算方法,对比分析了不同转速、不同锥角对水收集系数以及水膜厚度的影响;之后假设撞击到表面的水先甩脱再冻结,发展了三维旋转帽罩的结冰计算方法,同时开展冰风洞试验,除"冰羽"之外的帽罩表面结冰的试验结果与数值模拟结果进行对比,吻合较好,验证了旋转帽罩三维结冰数值计算方法的有效性。在此基础上,研究了转速、水滴直径、来流速度、温度和液态水含量等参数对旋转帽罩结冰的影响。本章的旋转帽罩三维结冰数值计算方法适用于计算紧贴帽罩表面的结冰冰形,帽罩表面的"冰羽"计算需要更进一步的研究。

参考文献

［1］ 胡娅萍.航空发动机进口部件积冰的数值模拟研究［D］.南京:南京航空航天大学,2008.

［2］ 赵秋月.航空发动机进口支板及整流帽罩水滴撞击特性的计算分析［D］.上海:上海交通大学,2011.

［3］ Esposito B, Marrazzo M. Application of PDPA system with different optical configuration to the IWT calibration［C］. Reno:45th AIAA Aerospace Sciences Meeting and Exhibit, 2007.

［4］ 战培国.结冰风洞研究综述［J］.实验流体力学,2007,21(3):92-96.

［5］ Esposito B, Ragni A, Ferrigno F, et al. Cloud calibration update of the CIRA icing wind tunnel［R］. SAE 2003-01-2312, 2003.

第5章
冰风洞试验的相似准则

研究发动机部件结冰及设计相应防冰系统最直接、可靠的手段是冰风洞试验。然而,冰风洞的尺寸和设备运行能力是有限的,真实条件下结冰部件的尺寸往往较大,并且结冰的参数范围较为宽广,为了打破冰风洞尺寸及试验设备运行范围的限制,需要利用相似理论和相似准则进行结冰试验研究,这样能够在有限空间内进行工况参数范围较为宽广的结冰试验。本章内容涉及冰风洞、结冰相似原理、相似参数选取、旋转帽罩结冰相似准则等内容。

5.1 冰风洞介绍

在航空发动机防冰系统的设计、验证以及型号取证中,冰风洞试验都是一种必要的技术手段。本节将对冰风洞的构成、分类、功能及国内外的冰风洞进行介绍。

5.1.1 冰风洞构成、分类及功能

结冰风洞是具有人工制冷能力的特种亚声速风洞[1],与进行空气动力学试验的常规风洞相比,冰风洞在常规风洞基础之上增加了制冷系统、喷雾系统以及风洞部件的防冰装置(包括试验段观察窗、风洞壁面、导向叶片的防冰等)。制冷系统用以确保试验段静温达到结冰试验要求;喷雾系统是为了在试验段形成均匀的云雾场;防冰装置则是为了避免风洞中的部件结冰对流场品质和风洞效率造成影响。

冰风洞按照通道型式,一般分为直流式冰风洞(也称为开式冰风洞)与回流式冰风洞(也称为闭式冰风洞)。直流式冰风洞直接从周围环境吸入空气,空气经过过滤、制冷后进入试验段,之后经过扩压段减速排入大气,没有专门管路将气流导回。直流式冰风洞由于具有一定冷量的空气被直接排出风洞,因此其冷量消耗巨大,并且动力消耗多,效率不高。这种风洞具有结构简单、造价低的优点[2],一般只在寒冷地区采用,可利用自然条件制冷,节省能源。图 5 - 1 为直流式冰风洞示意图。

图 5 - 2 是一个典型的回流式冰风洞示意图。回流式冰风洞中,气流在风洞中循环使用,随着冷量的不断输入,气流的温度不断降低,与直流式风洞相比,极大地

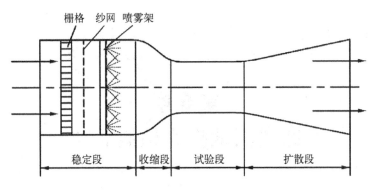

图 5 - 1　直流式冰风洞示意图

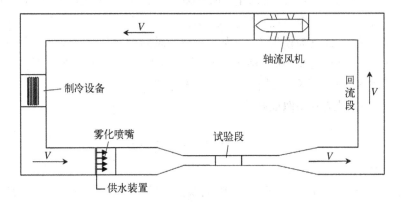

图 5 - 2　回流式冰风洞示意图

提高了制冷系统的使用效率。目前世界上绝大多数冰风洞采用回流式结构。在回流式冰风洞中,经过试验段的气流含有水滴,再次使用前需要将空气中的水滴去除。

冰风洞的功能非常广泛。在设计阶段,结冰风洞试验可获得防(除)冰设计所必需的数据,为防(除)冰提供安全设计的依据,确定防(除)冰系统的方案形式及最小需用功率;冰风洞验证试验,可以判断防除冰系统设计的正确性、合理性;冰风洞试验可以对结冰机理以及缩比定律进行研究;冰风洞试验还可进行发动机结冰后的性能变化研究。总之,冰风洞是保证发动机在结冰气象条件下安全运行,保障结冰适航合格审定、为适航取证提供依据性文件的一种重要地面试验设备。

5.1.2　国内外典型冰风洞

1. 中国空气动力研究与发展中心冰风洞

中国空气动力研究与发展中心 3 m×2 m 结冰风洞是一座闭口、高亚声速、回流式风洞,也是目前世界上试验段尺寸最大、性能最好的结冰风洞之一。结冰风洞轮廓如图 5 - 3 所示。该风洞于 2013 年 10 月建成并投入使用,具有主、次和高速三个可更换试验段,配套有动力、制冷、喷雾、高度模拟等各类试验系统。动力系统用于产生试验段气流,制冷系统用于模拟低温环境,喷雾系统用于产生结冰云雾,高度模拟系统用于模拟飞行高度。风洞可以模拟空中低温、低压、高湿的飞行结冰云雾环境,试验段尺寸分别为:主试验段 3 m×2 m×6.5 m,风速范围为 21~210 m/s;次试验段 4.8 m×3.2 m×9 m,风速范围为 8~78 m/s;高速试验段 2 m×1.5 m×4.5 m,风速范围为 26~256 m/s。风洞最低温度可达−40℃,模拟高度为 0~20 000 m,平均水滴直径范围 10~300 μm,液态水含量范围 0.2~3 g/m³,湿度为 70%~100%。该风洞可用于飞机及发动机部件的结冰和冰脱落试验、飞机及发动机防(除)冰系统验证试验、直升机旋翼结冰条件下性能评估试验、进气道防冰试验等。

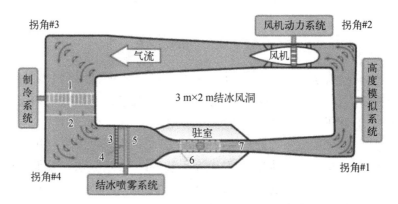

图 5-3　中国空气动力研究与发展中心 3 m×2 m 结冰风洞轮廓图[3]

1. 热交换器;2. 总温探针;3. 蜂窝器;4. 总压探针;
5. 喷雾耙(20 耙);6. 静压探针;7. 试验段

2. 武汉航空仪表有限责任公司冰风洞

1999 年武汉航空仪表厂建成了我国首座仪表冰风洞 YBF-02 冰风洞。主要供航空气动仪表的除冰、防冰以及缩比模型的实验研究。YBF-02 冰风洞为回流式冰风洞,风洞试验段尺寸 180 mm×280 mm,空气最大速度可达 200 m/s,最低温度为−30℃,液态水含量的范围 0.5~3 g/m³,云雾粒子直径为 10~40 μm。图 5-4 为该风洞的示意图,该风洞目前已经停止使用。

武汉航空仪表有限责任公司还有 YBF-04、YBF-05 两座冰风洞以及一个结冰气候室。YBF-04 仪表冰风洞是可模拟高度(0~7 000 m)的亚声速仪表冰风洞,该风洞为回流式风洞,可对航空仪表以及一些部件进行结冰试验。试验段尺寸为 250 mm×350 mm,气流速度范围为 20~200 m/s,最低温度可控制在−30℃,液态水含量范围为 0.2~3 g/m³,云雾粒子直径为 10~50 μm。

另一座 YBF-05 小型冰风洞与 YBF-04 一样是回流式风洞,主要的试验对象为大尺寸的气动传感器、防冰组件、结冰探测系统和机翼模型等。试验段尺寸为

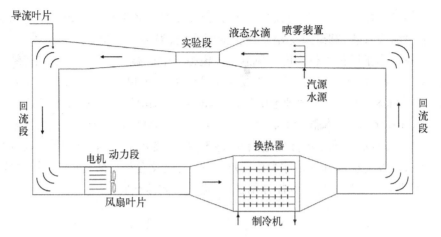

图 5-4　YBF-02 冰风洞示意图[4]

600 mm×800 mm,气流速度为 20~150 m/s,气流温度最低-35℃,可模拟 0~8 000 m 的高度,液态水含量与 YBF-04 冰风洞相同,云雾粒子直径为 10~50 μm,还可以模拟 300 μm 以内的过冷大水滴。

BQS-1 结冰气候室采用的是单回路立式开口风洞形式。主要进行大尺寸飞机部件、局部段和模型的结冰试验、防除冰系统除冰验证试验,以及低温环境下的传热和温升特性试验等。试验段的有效尺寸为 17 m×12 m×7 m,最低温度可达到-30℃,最大气流速度可达 10 m/s,液态水含量为 0.2~2 g/m³,云雾粒子直径与 YBF-04 相同。

3. 美国 NASA 格林研究中心结冰风洞(IRT)[5]

格林研究中心结冰风洞于 1944 年建成,是一座回流式风洞,其试验模拟和测试能力都是世界一流的。风洞试验段长 6.1 m、宽 2.7 m、高 1.8 m;温度控制从 10℃的总温到-35℃的静温,速度范围为 25.7~167 m/s,水滴直径为 10~270 μm。该风洞建成后,进行了多次的改造升级。近年来,SLD 超大水滴模拟能力也在研究中。目前,只有 51.4 m/s、77.2 m/s、102.8 m/s、128.6 m/s 速度的 MVD-LWC 组合在 SLD 系统进行了校准,SLD 测试条件大都局限于这些特定条件[6]。图 5-5 是 IRT 的示意图。

4. 美国 NASA 的冰晶结冰研究设施[7]

NASA 目前有两个设施用于基础和发动机系统层面的冰晶结冰(ice crystal icing, ICI)研究。一个是推进系统实验室(Propulsion System Lab, PSL);另一个是弹道实验室,该实验室开展单个冰粒子的破碎实验。

1) 推进系统实验室(PSL)

2010 年 NASA 对 PSL 的 3 号实验单元进行了改造以进行冰晶结冰研究,改造后的设施如图 5-6 所示。冰风洞中产生冰晶的方式有三种:① 将大块的冰通过研磨

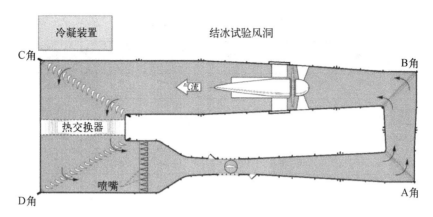

图 5-5 IRT 示意图[6]

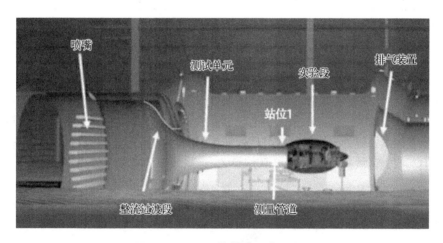

图 5-6 NASA 的推进系统实验室

形成小粒径的冰晶;② 喷雾冷却形成冰晶;③ 利用云室技术产生冰晶。PSL-3采用的第二种方式形成冰晶,图5-7为喷水耙。PSL-3的性能参数如表5-1所示。2013年、2015年,NASA与霍尼韦尔合作,对一款曾出现冰晶结冰问题的发动机 ALF502R-5 进行了测试,通过测试证实了 PSL-3 模拟冰晶结冰的能力[8]。目前,PSL-3已进行了多次的云雾校准工作,与 IRT 不同,PSL-3 有 12个参数可以控制云雾条件。

图 5-7 PSL 的 3 号实验单元的喷水耙

表 5 - 1 PSL - 3 性能参数

参　　数	最　　小	最　　大
发动机/台架直径/m	0.61	1.83
空气流量/(kg/s)	4.54	149.69
高度/km	1.22	15.24
总温/℃	-51	10
马赫数	0.15	0.80
总水含量/(g/m³)	0.5	8.0*
MVD/μm	15	>100#

注：*证据表明探针被低估了；#大于 90 微米的颗粒没有完全冻结。

2）NASA 弹道实验室

NASA 弹道实验室中的弹道冲击实验台进行单个冰晶粒子的破碎实验，实验设备如图 5 - 8 所示。输送冰粒的加压枪由气瓶、加速管道、压力电磁阀、发射膛和制动器组成。冰粒子可以放置在弹片内，再将弹片放置在发射膛内；也可以将冰粒子直接放置在发射膛内。采用氮气给喷枪加压以加速粒子，粒子喷出后，撞击在平坦的靶面上。撞击区域采用高功率 LED 灯照亮，但该 LED 灯不会使撞击区域温度升高。

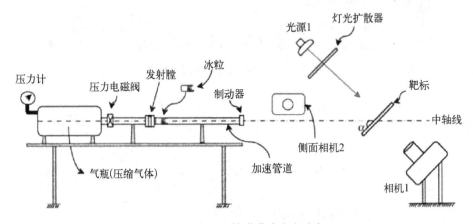

图 5 - 8 NASA 的弹道冲击实验台

实验用冰粒子有两种生成方法。第一种方法是将蒸馏水从校准过的管中滴入液氮；第二种方法是采用金属模具生成球形冰粒子。这些冰粒子储存在-20℃的制冷箱中。拍摄采用双机位，侧位相机拍摄碰撞前、破碎中颗粒的速度和直径，正位相机捕捉撞击后的碎片冰的尺寸分布。

5. **阿诺德工程发展中心(AEDC)冰风洞**

阿诺德工程发展中心位于美国田纳西州,创建于 1949 年[9],隶属于美国空军装备司令部[10],是由美国空军负责管理的重要的航空发动机试验机构,拥有世界上最先进和完备的发动机整机结冰试验设备[11]。AEDC 设备提供直接连接和自由喷射模式下的结冰模拟。发动机试验通常采用直接连接模式,如图 5-9 所示,所需的发动机性能参数能够精确测量。自由喷射模式通常用于进气道入口、进气道入口/发动机、机翼、探头和其他外表面结冰测试[12]。该中心有 J-1、J-2、C-2 三个试验舱[11]。C-2 试验舱直径 8.5 m、长 29.5 m,能够提供质量流率达 726.4 kg/s 时的高空结冰条件,LWC 的范围为 0.28~2.5 g/m³,雾化喷嘴阵列能够产生的液滴 MMD 范围为 19~25 μm,能模拟的高度可达 9 100 m。该喷雾系统能够对大型发动机、进气口、挡风玻璃和其他部件进行模拟结冰试验[12,13]。

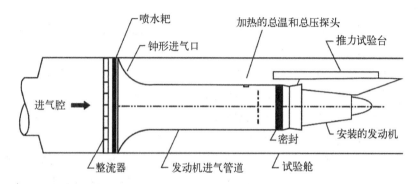

图 5-9　直接连接试验模式下的结冰模拟简图

6. **美国 LeClerc 结冰试验室 Cox 结冰风洞**

美国 Cox&Company 是一家航空航天工程和制造公司,主要从事飞机及相关辅助系统的冰防护工作[14]。20 世纪 90 年代,成立了 LeClerc 结冰试验室,建造了一座串列式双闭口试验段的结冰风洞,其布局如图 5-10 所示。风洞有 2 个串列试验段,主试验段尺寸为 0.71 m×1.17 m×1.98 m,最大试验风速可达 89.4 m/s;第 2 试验段尺寸为 1.52 m×1.22 m×1.22 m,最大试验风速可达 53.6 m/s[15],风洞温度最低为−30℃。两个试验段均配备了排气系统,具有发动机进气道结冰试验模拟能力,模拟的进气道流量为 6.82 kg/s,同时风洞也具备产生冰晶喷雾和混合相结冰环境模拟的能力。

从 2003 年起,研究人员在 Cox 结冰风洞对冰晶和混合相结冰环境模拟进行了大量的开发工作。部分工作得到了 NASA SBIR(Small Business Innovation Research)的第一、二阶段的资助。在这项工作中,研制了基于液体喷雾的雪枪系统(即喷雾冷却)和一种刨冰系统(即研磨产生冰晶)。雪枪产生的冰晶粒子 MVD

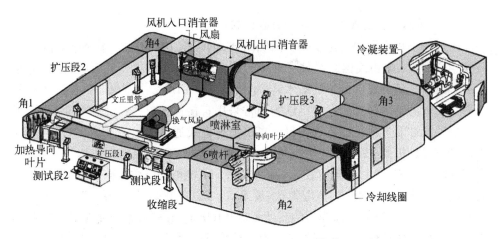

图 5 – 10 Cox 结冰风洞布局图[14]

约为 150 μm,刨冰机产生的冰晶粒子 MVD 约为 185 μm。多数试验中采用刨冰机产生冰晶粒子,而雪枪使用得比较少。

2007 年夏,根据 SAE ARP 59052,Cox 结冰风洞进行了一次全面的流场和喷雾校准。此次校准也包括冰晶设备的升级,升级后的刨冰机(ice shaver)能够更好地控制进料速度以及提供更稳定的冰晶喷雾。

7. 意大利航天研究中心结冰风洞

意大利航天研究中心(Centro Italiano Ricerche Aerospziali,CIRA)结冰风洞位于那不勒斯以北 50 公里的加普亚(Capua)。该风洞于 2002 年建成,是一个回流式风洞,具有 3 个可更换的试验段、1 个开口试验段,图 5 – 11 为该风洞的布局图,风洞各试验段参数如表 5 – 2 所示。风洞模拟的最大高度可达 7 000 m,生成的

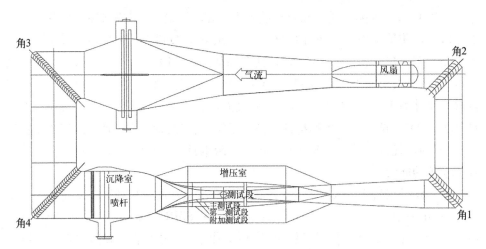

图 5 – 11 CIRA 风洞布局图[16]

水滴 MVD 范围为 5~300 μm,空气的相对湿度可控制在 70%~100%。喷雾系统产生的水滴的 MVD 和 LWC 能够覆盖 FAR-25 和 FAR-29 附录 C 中连续最大结冰和间断最大结冰的包线范围,另外喷雾系统还可以产生 FAR 规定的过冷大水滴(SLD)[17]。

风洞的发动机流动模拟(engine flow simulation)能力能够复现发动机短舱内部和外部的真实流动条件[18]。该风洞能够完成发动机流动模拟测试的流量范围为 1.5~55 kg/s,能够试验的发动机短舱直径最大可达 1 m。

表 5-2　CIRA 结冰风洞尺寸及参数

	主试验段	第二试验段	附加试验段	开口试验段
宽度/m	2.25	1.15	3.6	2.25
高度/m	2.35	2.35	2.35	2.35
长度/m	7	5	8.3	7
Ma	0.4	0.7	0.24	<0.4
温度/℃	-32	-40	-32	-32

8. 加拿大国家研究委员会(National Research Council of Canada, NRC)高度结冰风洞(altitude icing wind tunnel, AIWT)与冰晶测试设备

AIWT 是闭式低速风洞,垂直方向示意图如图 5-12 所示。风洞具有两个测试段:一个为 57 cm 宽、57 cm 高,模拟的最高风速超过 100 m/s;另一个为 52 cm 宽、33 cm 高,最大风速可达 180 m/s。AIWT 中温度可以实现在 0.3 马赫数时从-30℃

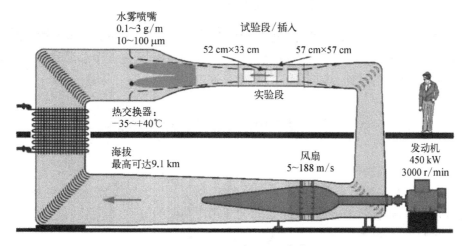

图 5-12　AIWT 示意图[19]

到 20℃ 或更高的空气静温。通过真空泵抽气控制风洞内的压力在 30~101 kPa，可以模拟从约 9 100 m 到地面之间的高度。风洞的速度是通过安装在喷雾系统上游的总温、总压传感器以及安装在测试部分进口的静压装置计算的[19]。

除过冷水滴的试验能力外 NRC 还具有冰晶结冰的试验能力。NRC 的冰晶系统由三部分组成：加冰器、磨冰机、冰晶注入系统，如图 5-13 所示。加冰器用于调节冰流量以获得所需的冰水含量；磨冰机提供所需尺寸的冰晶；注入系统提供实验台所需的冰晶速度和弥散度。该设备能够连续作业，单次作业最多能够提供 200 kg 的冰。将去离子水制备的片状冰加入磨冰机，片状冰的大小从 0.1 in① 到 1 in 不等。磨冰机的磨冰粒度可以根据要求进行调整。试验装置包括喷雾系统和测试管道。试验区域被分为冷区和热区。制备冰晶一侧为冷区，另一侧为热区。冷区的温度变化可以评估冰温度的变化，热区的温度控制用于设置所需的测试温度。冰晶的注入管道穿过冷区与热区之间的墙体。直径 11 cm 的圆形管道将冰晶送到试验管道的入口，注入的空气流量占整个试验气流质量的 10%[20]。

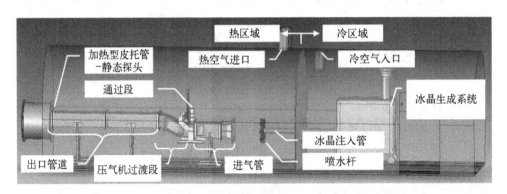

图 5-13　NRC 的冰晶测试系统

冰晶注入管中的干冷空气与进气管中的暖空气混合，在测试段获得所需的总温，相对湿度通过加湿系统进行控制。对于给定的总压，通过改变总温和相对湿度来控制湿球温度，进而控制冰晶的自然融化程度[21]。

5.2　结冰相似原理及相似参数

5.2.1　结冰相似原理

相似的概念最初来自几何学。众所周知，如果两个图形的对应边一一成比例，对应角相等，则称两个图形几何相似。对于两个相似的图形，其中任何一个都可以

① 1 in＝2.54 cm。

看成是另一个图形按比例缩小或者放大的结果,相似不只出现在几何学中,可以将相似的概念推广到物理现象中去。现象彼此相似的定义是:对于同类的物理现象,在相应的时刻及相应的地点与现象有关的物理量对应成比例。需要注意的是:① 只有同类的现象才能涉及相似问题。同类现象是指那些由相同形式并具有相同内容的微分方程式所描述的现象;② 与现象有关的物理量要一一成比例。一个物理现象中可能有多个物理量,比如速度和温度等,现象相似要求这些量各自相似;③ 对于非稳态问题,要求在相应的时刻各物理量的空间分布相似。对于稳态问题,则没有相应时刻的要求。

与几何相似类似,凡是相似的物理现象,其物理量的场一定可以用一个统一的无量纲场来表示。相似物理现象间的条件是同名特征数相等和单值性条件相似。特征数是由所研究问题的已知量组成的特征数。单值性条件是指能够使被研究的问题唯一确定下来的条件,它包括:初始条件、边界条件、几何条件和物理条件。所谓初始条件,是指非稳态问题中初始时刻物理量的分布;所谓边界条件,是指被研究系统边界上温度、速度等分布条件;所谓几何条件,是指几何形状相似;物理条件则指物体的种类及物性。

相似原理在工程实践中的应用很广,它可以指导模化试验。所谓模化试验是指用不同于实物几何尺寸的模型(结冰的相似试验通常采用缩小的模型)来研究实际装置中所进行的物理过程的试验。显然,要使模型中的试验结果能应用到实际模型中去,应使模型中的过程与实际装置中的相似。这就要求实际装置及缩比模型中所进行的物理现象的单值性条件相似、已定准则数相等。但严格做到这一点常常是很困难的,甚至是不可能的。以对流传热为例,相似条件包括了流体物性场的相似,即缩比模型与实际模型的对应点上流体的物性分布相似。除非是没有热交换的等温过程,要做到这一点是很困难的,因而工程上广泛采用近似模化的方法,即只要求对过程中有决定性影响的条件满足相似原理要求即可。结冰相似也不例外,要做到缩比模型与实际模型所有参数相似,除非采用一比一缩比模型,否则不能实现。因此在进行结冰相似时,要做出一定的取舍。

5.2.2　相似参数分析

本节针对发动机典型的进气部件旋转帽罩进行相似参数分析,包括旋转相似参数、流动相似参数、水滴运动相似参数、撞击水质量相似参数以及与结冰热力学过程相关的相似参数。通过分析,可对各相似参数做出取舍,保留对结冰过程有决定性影响的参数。

1. 旋转帽罩结冰旋转相似

对于旋转帽罩而言,为了保证试验部件的结冰冰形(一般称为试验冰形)与真实部件的结冰冰形(一般称为参考冰形)相似,必须满足旋转相似。旋转效应除了会引起周围空气场的扰动外,还会引起帽罩表面水膜运动的变化。文献[22]研究了旋转帽罩的水撞击特性,从结果可以看出转速对水收集有影响但并不大,这说明旋转对周围空气场扰动的影响不大,因此本章在建立旋转结冰相似准则时重点考虑了旋转对水膜运动的影响。为了得到旋转相似需要匹配的参数,本书首先推导旋转坐标系下水膜的运动方程,然后推导出无量纲量进行匹配,进而得出缩比前后的转速关系。

在流场中取一流体微团应用牛顿第二定律,可以得到静止坐标系下的动量方程,如式(5-1)所示。

$$\frac{\mathrm{D}u}{\mathrm{D}t} = X - \frac{1}{\rho}\frac{\partial p}{\partial x} + \frac{1}{\rho}\frac{\partial}{\partial x}\left[2\mu\left(\frac{\partial u}{\partial x} - \frac{1}{3}\ \nabla\cdot\boldsymbol{V}\right)\right] + \frac{1}{\rho}\frac{\partial}{\partial y}\left[\mu\left(\frac{\partial v}{\partial x} + \frac{\partial u}{\partial y}\right)\right]$$
$$+ \frac{1}{\rho}\frac{\partial}{\partial z}\left[\mu\left(\frac{\partial u}{\partial z} + \frac{\partial w}{\partial x}\right)\right]$$

$$(5-1\mathrm{a})$$

$$\frac{\mathrm{D}v}{\mathrm{D}t} = Y - \frac{1}{\rho}\frac{\partial p}{\partial y} + \frac{1}{\rho}\frac{\partial}{\partial y}\left[2\mu\left(\frac{\partial v}{\partial y} - \frac{1}{3}\ \nabla\cdot\boldsymbol{V}\right)\right] + \frac{1}{\rho}\frac{\partial}{\partial z}\left[\mu\left(\frac{\partial w}{\partial y} + \frac{\partial v}{\partial z}\right)\right]$$
$$+ \frac{1}{\rho}\frac{\partial}{\partial x}\left[\mu\left(\frac{\partial v}{\partial x} + \frac{\partial u}{\partial y}\right)\right]$$

$$(5-1\mathrm{b})$$

$$\frac{\mathrm{D}w}{\mathrm{D}t} = Z - \frac{1}{\rho}\frac{\partial p}{\partial z} + \frac{1}{\rho}\frac{\partial}{\partial z}\left[2\mu\left(\frac{\partial w}{\partial z} - \frac{1}{3}\ \nabla\cdot\boldsymbol{V}\right)\right] + \frac{1}{\rho}\frac{\partial}{\partial x}\left[\mu\left(\frac{\partial u}{\partial z} + \frac{\partial w}{\partial x}\right)\right]$$
$$+ \frac{1}{\rho}\frac{\partial}{\partial y}\left[\mu\left(\frac{\partial w}{\partial y} + \frac{\partial v}{\partial z}\right)\right]$$

$$(5-1\mathrm{c})$$

在帽罩表面,坐标系如图5-14所示,其中 x 方向是沿帽罩表面方向, y 方向是帽罩表面法线方向, z 轴方向是沿帽罩表面切线方向。对于 y 方向,会受到离心力和科氏力作用,对于 x 和 z 方向,则与静止情况类似。

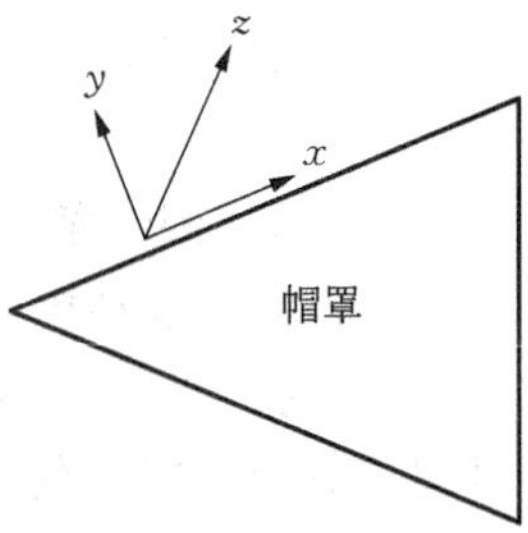

因为水膜的运动很慢,速度约为 0.1 m/s[23],所以在短时间内可以看作是稳态的,忽略重力的影响。不可压连续方程为

$$\frac{\partial u}{\partial x} + \frac{\partial v}{\partial y} + \frac{\partial w}{\partial z} = 0 \qquad (5-2)$$

图 5-14　x、y、z 轴沿帽罩的具体方向

将式(5-2)代入式(5-1a)、式(5-1c)并化简,可得 x 和 z 方向的稳态不可压动

量方程：

$$u\,\frac{\partial u}{\partial x} + v\,\frac{\partial u}{\partial y} + w\,\frac{\partial u}{\partial z} = -\frac{1}{\rho}\,\frac{\partial p}{\partial x} + \upsilon\left(\frac{\partial^2 u}{\partial x^2} + \frac{\partial^2 u}{\partial y^2} + \frac{\partial^2 u}{\partial z^2}\right) \tag{5-3}$$

$$u\,\frac{\partial w}{\partial x} + v\,\frac{\partial w}{\partial y} + w\,\frac{\partial w}{\partial z} = -\frac{1}{\rho}\,\frac{\partial p}{\partial z} + \upsilon\left(\frac{\partial^2 w}{\partial x^2} + \frac{\partial^2 w}{\partial y^2} + \frac{\partial^2 w}{\partial z^2}\right) \tag{5-4}$$

帽罩旋转引起 y 方向动量方程的变化，因此以下主要推导旋转坐标系下 y 方向的动量方程。先从旋转情况下的位置向量着手推导。

通常在旋转情况下，对于位置向量有

$$\left[\frac{\mathrm{d}\boldsymbol{r}}{\mathrm{d}t}\right]_{\mathrm{I}} = \left[\frac{\mathrm{d}\boldsymbol{r}}{\mathrm{d}t}\right]_{\mathrm{R}} + \boldsymbol{\Omega} \times \boldsymbol{r} \tag{5-5}$$

式中，右下标 I 代表惯性坐标系，R 代表旋转坐标系，其中 $\boldsymbol{\Omega}$ 为旋转角速度。式（5-5）可以化为速度关系即

$$\boldsymbol{u}_{\mathrm{I}} = \boldsymbol{u}_{\mathrm{R}} + \boldsymbol{\Omega} \times \boldsymbol{r} \tag{5-6}$$

根据式（5-6）可以导出加速度的表达式为

$$\left[\frac{\mathrm{d}\boldsymbol{u}_{\mathrm{I}}}{\mathrm{d}t}\right]_{\mathrm{I}} = \left[\frac{\mathrm{d}\boldsymbol{u}_{\mathrm{I}}}{\mathrm{d}t}\right]_{\mathrm{R}} + \boldsymbol{\Omega} \times \boldsymbol{u}_{\mathrm{I}} \tag{5-7}$$

将速度表达式代入到式（5-7）右侧的项，进一步化简可得

$$\left[\frac{\mathrm{d}\boldsymbol{u}_{\mathrm{I}}}{\mathrm{d}t}\right]_{\mathrm{I}} = \left[\frac{\mathrm{d}(\boldsymbol{u}_{\mathrm{R}} + \boldsymbol{\Omega} \times \boldsymbol{r})}{\mathrm{d}t}\right]_{\mathrm{R}} + \boldsymbol{\Omega} \times (\boldsymbol{u}_{\mathrm{R}} + \boldsymbol{\Omega} \times \boldsymbol{r}) \tag{5-8}$$

式（5-8）可以化为

$$\left[\frac{\mathrm{d}\boldsymbol{u}_{\mathrm{I}}}{\mathrm{d}t}\right]_{\mathrm{I}} = \left[\frac{\mathrm{d}\boldsymbol{u}_{\mathrm{R}}}{\mathrm{d}t}\right]_{\mathrm{R}} + \frac{\mathrm{d}\boldsymbol{\Omega}}{\mathrm{d}t} \times \boldsymbol{r} + \boldsymbol{\Omega} \times \left[\frac{\mathrm{d}\boldsymbol{r}}{\mathrm{d}t}\right]_{\mathrm{R}} + \boldsymbol{\Omega} \times \boldsymbol{u}_{\mathrm{R}} + \boldsymbol{\Omega} \times \boldsymbol{\Omega} \times \boldsymbol{r}$$

又因为

$$\left[\frac{\mathrm{d}\boldsymbol{r}}{\mathrm{d}t}\right]_{\mathrm{R}} = \boldsymbol{u}_{\mathrm{R}}$$

最终加速度表达式如下：

$$\left[\frac{\mathrm{d}\boldsymbol{u}_{\mathrm{I}}}{\mathrm{d}t}\right]_{\mathrm{I}} = \left[\frac{\mathrm{d}\boldsymbol{u}_{\mathrm{R}}}{\mathrm{d}t}\right]_{\mathrm{R}} + \frac{\mathrm{d}\boldsymbol{\Omega}}{\mathrm{d}t} \times \boldsymbol{r} + 2\boldsymbol{\Omega} \times \boldsymbol{u}_{\mathrm{R}} + \boldsymbol{\Omega} \times \boldsymbol{\Omega} \times \boldsymbol{r} \tag{5-9}$$

对于 y 方向上,有 $v_R = v_I - \Omega r_y$,将加速度表达式代入到 y 方向的稳态方程,并化简,则可以得到旋转情况下,y 方向动量方程为

$$u \frac{\partial(v_I - \Omega r_y)}{\partial x} + (v_I - \Omega r_y) \frac{\partial(v_I - \Omega r_y)}{\partial y} + w \frac{\partial(v_I - \Omega r_y)}{\partial z}$$

$$= -\frac{1}{\rho} \frac{\partial p}{\partial y} + v\left[\frac{\partial^2(v_I - \Omega r_y)}{\partial x^2} + \frac{\partial^2(v_I - \Omega r_y)}{\partial y^2} + \frac{\partial^2(v_I - \Omega r_y)}{\partial z^2} \right] \qquad (5-10)$$

$$+ \Omega^2 r_y - 2\Omega v_I$$

忽略压力 p 在 y 方向上的变化,化简得

$$u \frac{\partial v_I}{\partial x} - \Omega u \frac{\partial r_y}{\partial x} + v_I \frac{\partial v_I}{\partial y} - \Omega r_y \frac{\partial v_I}{\partial y} - \Omega v_I \frac{\partial r_y}{\partial y} + \Omega^2 r_y \frac{\partial r_y}{\partial y} + w \frac{\partial v_I}{\partial z} - w\Omega \frac{\partial r_y}{\partial z}$$

$$= v\left(\frac{\partial^2 v_I}{\partial x^2} + \frac{\partial^2 v_I}{\partial y^2} + \frac{\partial^2 v_I}{\partial z^2} \right) - \Omega v\left(\frac{\partial^2 r_y}{\partial x^2} + \frac{\partial^2 r_y}{\partial y^2} + \frac{\partial^2 r_y}{\partial z^2} \right) + \Omega^2 r_y - 2\Omega v_I$$

$$(5-11)$$

对式(5-11)通过数量级分析方法,进一步化简。数量级分析方法的基本思想就是通过比较方程中各项数量级的相对大小,把数量级较大的项保留下来,舍去数量级较小的项,实现方程式合理的简化。影响较大的量数量级定为 1,影响较小的量数量级定为 δ,其中 δ 为无穷小量。按此方法,方程(5-11)最终可化为

$$u \frac{\partial v_I}{\partial x} + v \frac{\partial v_I}{\partial y} + w \frac{\partial v_I}{\partial z} = v\left(\frac{\partial^2 v_I}{\partial y^2} \right) + \Omega^2 r_y - 2\Omega v_I \qquad (5-12)$$

将 y 方向的方程写为张量形式,表示为

$$u_j \frac{\partial u_{Ii}}{\partial x_j} = v \frac{\partial^2 u_{Ii}}{\partial x_i \partial x_j} + \Omega^2 r - 2\Omega u_{Ii} \qquad (5-13)$$

令 L_0、v_0、V_0、Ω_0 和 r_0 分别代表长度、黏度、速度、旋转角速度和距离的特征量,从而组成的各物理量的无量纲量为: $x_i^0 = \frac{x_i}{L_0}$,$v^0 = \frac{v}{v_0}$,$u_j^0 = \frac{u_j}{V_0}$,$\Omega^0 = \frac{\Omega}{\Omega_0}$,$r^0 = \frac{r}{L_0}$,

$u_{Ii}^0 = \frac{u_{Ii}}{V_0}$ 代入式(5-13),除以 $\frac{V_0^2}{L_0}$ 得

$$u_j^0 \frac{\partial u_{Ii}^0}{\partial x_j^0} = \frac{v_0}{L_0 V_0} \cdot v^0 \frac{\partial^2 u_{Ii}^0}{\partial x_i^0 \partial x_j^0} + \frac{\Omega_0^2 L_0^2}{V_0^2} \cdot (\Omega^0)^2 r^0 - 2\frac{\Omega_0 L_0}{V_0} \cdot \Omega^0 u_{Ii}^0 \qquad (5-14)$$

对于旋转帽罩而言,科氏力与离心力的作用比较大,在这里匹配准则数 $\frac{\Omega L}{V}$, 表示的是科氏力与整体惯性力的比值,定义其为旋转数,用 R_0 表示。旋转相似匹配旋转数,即

$$(R_0)_S = (R_0)_R \tag{5-15}$$

式(5-15)中左侧下标 S 代表缩比后试验部件结冰参数,右侧下标 R 代表真实部件结冰参数,也称为参考部件结冰参数。下文中的下标 S、R 均代表这两个意义。这样可以得到缩比前后帽罩的转速关系,如下:

$$\Omega_S = \Omega_R \frac{(L)_R}{(L)_S} \frac{(V)_S}{(V)_R} \tag{5-16}$$

2. 旋转帽罩流场相似

为了使缩比前后的模型流场相似,首先保证试验部件和真实部件有相似的几何外形,即二者的对应长度成比例,对应角度相等,这就是所谓的几何相似。不管是静止部件,还是旋转部件,几何相似都是结冰相似的前提和基础,这样在结冰的过程中,试验部件与真实部件的绕流流场特性才会相似。

流场相似要从流动的基本方程出发,以 x 方向为例,流动的动量方程为

$$u\frac{\partial u}{\partial x} + v\frac{\partial u}{\partial y} + w\frac{\partial u}{\partial z} = -\frac{1}{\rho}\frac{\partial p}{\partial x} + \upsilon\left(\frac{\partial^2 u}{\partial x^2} + \frac{\partial^2 u}{\partial y^2} + \frac{\partial^2 u}{\partial z^2}\right) \tag{5-17}$$

令 ρ_0、υ_0、p_0、L_0 分别代表密度、黏度、压力、长度的特征量,从而组成的各物理量的无量纲量为: $\rho^0 = \frac{\rho}{\rho_0}$, $\upsilon^0 = \frac{\upsilon}{\upsilon_0}$, $p^0 = \frac{p}{p_0}$, $x^0 = \frac{x}{L_0}$, $y^0 = \frac{y}{L_0}$, $z^0 = \frac{z}{L_0}$ 并代入式(5-17),各项除以 $\frac{V_0^2}{L_0}$, 将 x 方向方程写为张量形式得

$$u_j^0\frac{\partial u_i^0}{\partial x_j^0} = -\frac{p_0}{\rho_0 v_0^2}\frac{1}{\rho^0}\frac{\partial p^0}{\partial x_i^0} + \frac{v_0}{v_0 L_0}\upsilon^0\frac{\partial^2 u_i^0}{\partial x_j^0 \partial x_j^0} \tag{5-18}$$

将状态方程 $p = \rho R_a T$ 代入式(5-18),其中下标 a 代表空气,进一步化简可得

$$u_j^0\frac{\partial u_i^0}{\partial x_j^0} = -\frac{1}{Ma^2}\frac{1}{\rho^0}\frac{\partial p^0}{\partial x_i^0} + \frac{1}{Re}\upsilon^0\frac{\partial^2 u_i^0}{\partial x_j^0 \partial x_j^0} \tag{5-19}$$

式中,Re 为雷诺数;Ma 为马赫数。雷诺数物理意义是惯性力与黏性力之比,马赫数物理意义是流体质点的动能与内能之比,表达式分别如下所示:

$$Re_a = \frac{vL}{\nu_a} \qquad (5-20)$$

$$Ma = \frac{v}{\sqrt{\gamma R_a T}} \qquad (5-21)$$

其中,L 为模型的特征长度,对于旋转帽罩而言,L 代表锥长。可以看出,要想结冰缩比前后的流场相似,必须满足缩比前后流场的雷诺数和马赫数相等。对于发动机结冰,温度通常在 233~273 K 之间,因此空气的比热比 γ 和气体常数 R_a 可看作常量。由式(5-21)可以看出,要满足缩比试验的雷诺数和参考情况下的雷诺数匹配,就需要速度与尺寸成反比,对于 1/3 缩尺模型试验而言,试验风速近似为参考情况的三倍。然而满足缩比前后马赫数匹配,需要二者速度非常接近。可以看出:除非使用全尺寸模型,否则马赫数和雷诺数不能同时满足匹配。

空气流场对结冰的影响与转速、水滴运动、撞击水质量以及热力学过程相比,属于较小的影响因素,因此结冰研究中不考虑空气流场的马赫数匹配和雷诺数匹配。但考虑到流场品质,要求试验马赫数大于 $Re = 2.0 \times 10^5$ 对应的马赫数[23],并要小于临界马赫数[24]。

3. 旋转帽罩结冰水滴撞击特性相似

水滴撞击特性相似首先需要满足缩比前后部件表面水滴的运动轨迹相似,这就必须建立水滴运动方程来确定所需匹配的参数。这里我们采用拉格朗日法建立水滴运动方程。

Bragg 曾经提出,对于常见的液滴分布云层,水滴在流场中运动轨迹及其撞击特性都可以用水滴平均体积直径 MVD 描述[25],因此做以下假设:结冰过程可以采用某一直径的水滴进行模拟,且水滴为球形。

若能精确计算出物体周围的绕流流场,则可以用经典粒子轨迹运动方程来计算水滴运动轨迹。水滴运动过程中,主要受重力和阻力作用,由于水滴体积很小,重力相对阻力为小量,因此忽略重力项。由牛顿第二定律,结冰研究中常用的描述水滴运动轨迹的微分方程如下:

$$m_w \frac{\mathrm{d}V_w}{\mathrm{d}t} = F \qquad (5-22)$$

其中,方程右侧为水滴受到的空气阻力。因为水滴为球形,则水滴质量为

$$m_w = \frac{1}{6}\rho_w \pi d_w^3 \qquad (5-23)$$

其中,d_w 为水滴的平均体积直径;ρ_w 为水滴的密度。

当水滴速度和水滴尺寸都很小,类似于气溶胶时,流场中球体的阻力可用斯托克斯公式计算,即

$$\boldsymbol{F}_{\text{Stokes}} = 6\pi\mu_a r_w (\boldsymbol{V}_a - \boldsymbol{V}_w) = 3\pi\mu_a d_w (\boldsymbol{V}_a - \boldsymbol{V}_w) \tag{5-24}$$

但大多数的结冰情况并不符合气溶胶状态,因为水滴的速度并不符合斯托克斯定律的适用范围。因此要对斯托克斯公式进行修正,如下:

$$\boldsymbol{F} = 3\pi\mu_a d_w (\boldsymbol{V}_a - \boldsymbol{V}_w) \frac{C_D Re_{\text{rel}}}{24} \tag{5-25}$$

其中,C_D 为阻力系数;Re_{rel} 为水滴相对雷诺数。在适于结冰的条件下,$\dfrac{C_D Re_{\text{rel}}}{24} <$ 1.0。进而水滴运动方程简化为

$$\frac{1}{18}\frac{\rho_w d_w^2}{\mu_a}\left(\frac{\mathrm{d}\boldsymbol{V}_w}{\mathrm{d}t}\right) = (\boldsymbol{V}_a - \boldsymbol{V}_w)\frac{C_D Re_{\text{rel}}}{24} \tag{5-26}$$

式中,相对雷诺数的表达式为

$$Re_{\text{rel}} = d_w \mid V_a - V_w \mid \rho_a / \mu_a \tag{5-27}$$

为了将式(5-26)无量纲化,令 $\dfrac{\boldsymbol{V}_a}{U} = u_a$,$\dfrac{\boldsymbol{V}_w}{U} = u_w$,$\dfrac{tU}{L} = \tau$,并代入式(5-26),可以得出:

$$\frac{1}{18}\frac{\rho_w d_w^2 U}{\mu_a L}\left(\frac{\mathrm{d}u_w}{\mathrm{d}\tau}\right) = (u_a - u_w)\frac{C_D Re_{\text{rel}}}{24} \tag{5-28}$$

其中,U 表达式为:$U = \sqrt{V^2 + (\Omega r)^2}$,$V$ 代表自由来流速度,Ω 代表旋转角速度,r 代表旋转半径;τ 表征时间;L 为特征长度,对于旋转帽罩而言,特征长度一般指锥长。定义一个无量纲量——惯性参量,用 K 表示,并且有 $K = \dfrac{1}{18}\dfrac{\rho_w d_w^2 U}{\mu_a L}$,则公式(5-28)可以化为

$$\frac{\mathrm{d}u_w}{\mathrm{d}\tau} = \frac{C_D Re_{\text{rel}}}{24K}(u_a - u_w) \tag{5-29}$$

可以看出,式(5-29)为无量纲方程式,因此要满足缩比前后水滴轨迹相似,需要匹配 $\left(\dfrac{C_D Re_{\text{rel}}}{24K}\right)$,也即需要同时匹配水滴相对雷诺数和惯性参量,即

$$\left(\frac{d_{\mathrm{w}}\mid V_{\mathrm{a}} - V_{\mathrm{w}}\mid \rho_{\mathrm{a}}}{\mu_{\mathrm{a}}}\right)_{\mathrm{S}} = \left(\frac{d_{\mathrm{w}}\mid V_{\mathrm{a}} - V_{\mathrm{w}}\mid \rho_{\mathrm{a}}}{\mu_{\mathrm{a}}}\right)_{\mathrm{R}} \qquad (5-30)$$

$$\left(\frac{1}{18}\frac{\rho_{\mathrm{w}}d_{\mathrm{w}}^{2}\sqrt{V^{2} + (\Omega r)^{2}}}{\mu_{\mathrm{a}}L}\right)_{\mathrm{S}} = \left(\frac{1}{18}\frac{\rho_{\mathrm{w}}d_{\mathrm{w}}^{2}\sqrt{V^{2} + (\Omega r)^{2}}}{\mu_{\mathrm{a}}L}\right)_{\mathrm{R}} \qquad (5-31)$$

然而水滴在运动过程中，$\left(\dfrac{C_{D}Re_{\mathrm{rel}}}{24K}\right)$ 的值是不断变化的。并且在实际中，上述两个无量纲参数一般不能同时匹配，因此 Langmuir 和 Blodgett 结合水滴相对雷诺数和惯性参量提出修正的惯性参量来解决这个问题[26]。

Langmuir 和 Blodgett 提出的修正惯性参数为

$$K_{0} = \frac{1}{8} + \frac{\lambda}{\lambda_{\mathrm{Stokes}}}\left(K - \frac{1}{8}\right), \ K > \frac{1}{8} \qquad (5-32)$$

其中，$\lambda/\lambda_{\mathrm{Stokes}}$ 为范围参数，$\lambda_{\mathrm{Stokes}}$ 表示符合斯托克斯阻力定律时，水滴以一定初速度在空气中运动的范围，λ 表示在实际情况中水滴运动的范围：

$$\frac{\lambda}{\lambda_{\mathrm{Stokes}}} = \frac{1}{Re_{\mathrm{w}}}\int_{0}^{Re_{\mathrm{w}}}\frac{24}{C_{D}Re_{\mathrm{rel}}}\mathrm{d}Re_{\mathrm{rel}} \qquad (5-33)$$

Langmuir 和 Blodgett 将上述范围参数近似，其表达式如下：

$$\frac{\lambda}{\lambda_{\mathrm{Stokes}}} = \frac{1}{0.838\,8 + 0.001\,483Re_{\mathrm{w}} + 0.184\,7\sqrt{Re_{\mathrm{w}}}} \qquad (5-34)$$

可以看出范围参数只是水滴雷诺数 Re_{w} 的方程，水滴雷诺数的表达式如下：

$$Re_{\mathrm{w}} = \frac{Vd_{\mathrm{w}}\rho_{\mathrm{a}}}{\mu_{\mathrm{a}}} \qquad (5-35)$$

为了提高计算速度，Langmuir 和 Blodgett[26] 又提出了一种简化的修正惯性参数，如下：

$$K_{0} = K\frac{\lambda}{\lambda_{\mathrm{Stokes}}} \qquad (5-36)$$

范围参数的意义与上述介绍的相同，Langmuir 和 Blodgett 得到 $\dfrac{C_{D}Re_{\mathrm{rel}}}{24}$ 与相对雷诺数 Re_{rel} 的关系如图 5 - 15 所示。

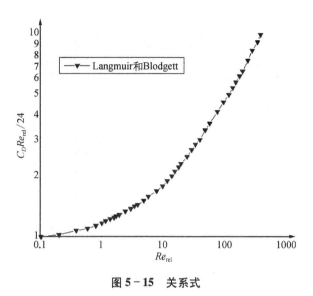

图 5 - 15　关系式

可将 $\dfrac{C_D Re_{rel}}{24}$ 与相对雷诺数 Re_{rel} 的关系简化成最简单的线性关系,即

$$\frac{C_D Re_{rel}}{24} = a Re_{rel}^d \qquad (5-37)$$

式中, a 和 d 都是常数,所以要对上面的曲线进行拟合,将二者关系线性化,拟合后如图 5 - 16 和图 5 - 17 所示。

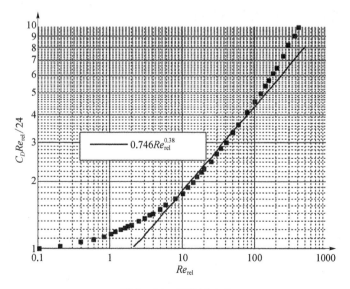

图 5 - 16　线性拟合 1

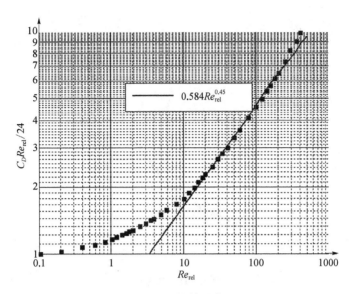

图 5-17 线性拟合 2

从图 5-16 可以看到当相对雷诺数的范围为 5~100 时, $a = 0.746$ 和 $d = 0.38$ 可以基本描述 $\dfrac{C_D Re_{\text{rel}}}{24}$ 与相对雷诺数 Re_{rel} 的关系。为了使适用的范围更广,又重新进行了一次线性拟合,如图 5-17 所示。从图 5-17 可以看到当相对雷诺数的范围为 10~300 时, $a = 0.584$ 和 $d = 0.45$ 可以近似描述 $\dfrac{C_D Re_{\text{rel}}}{24}$ 与相对雷诺数 Re_{rel} 的关系。则由式(5-33)和式(5-37)可得到:

$$\frac{\lambda}{\lambda_{\text{Stokes}}} = \frac{1}{a(1-d)} Re_{\text{w}}^{-d} \tag{5-38}$$

由式(5-35)、式(5-36)和式(5-38),以及 $K = \dfrac{1}{18} \dfrac{\rho_{\text{w}} d_{\text{w}}^2 \sqrt{V^2 + (\Omega r)^2}}{\mu_{\text{a}} L}$ 和 $p = \rho R_{\text{a}} T$ 可得

$$K_0 = \left[\frac{\rho_{\text{w}} R_{\text{a}}^d}{18a(1-d)\mu_{\text{a}}^{1-d}} \right] \frac{d_{\text{w}}^{2-d} \sqrt{V^2 + (\Omega r)^2}^{1-d} T^d}{L p^d} \tag{5-39}$$

为了使旋转帽罩缩比前后水滴运动轨迹相似,需要缩比前后的修正的惯性参量相互匹配,即

$$(K_0)_{\text{S}} = (K_0)_{\text{R}} \tag{5-40}$$

在实际中,水滴的密度看作不变,在试验温度范围内,空气的黏性和空气常数变化很小,可以忽略。所以式(5-39)中 K_0 表达式括号内的各项可以看作定值,计算中只需匹配中括号外面的部分即可。

4. 旋转帽罩结冰撞击水质量相似

结冰区域的结冰质量与三个因素相关: 液态水含量(LWC),到达结冰区域的水的质量以及冻结系数 (f)。 当冻结系数为 1,即撞击到帽罩表面的水全部结冰时,单位面积上的结冰增长率为

$$\frac{\mathrm{d}\xi}{\mathrm{d}t} = \frac{\dot{m}}{\rho_i} \tag{5-41}$$

其中, ξ 代表结冰厚度; $\dot{m}$ 为单位时间内撞击到帽罩表面单位面积的水结冰的质量; ρ_i 为冰的密度。其中,

$$\dot{m} = \mathrm{LWC}\sqrt{V^2 + (\Omega r)^2}\,\beta f \tag{5-42}$$

在式(5-42)中,LWC 是液态水含量; β 是局部水收集率; Ω 为旋转角速度。假设随着时间的推移,冰的密度和局部水收集率都不变,那么结冰厚度表达式为

$$\xi = \frac{\mathrm{LWC}\sqrt{V^2 + (\Omega r)^2}\,\beta t f}{\rho_i} \tag{5-43}$$

为了使旋转帽罩缩比前后的结冰外形相似,首先必须保证冰的厚度相似,即结冰厚度与特征长度的比值相等,即

$$\left(\frac{\xi}{L}\right)_{\mathrm{S}} = \left(\frac{\xi}{L}\right)_{\mathrm{R}}$$

$$\left(\frac{\mathrm{LWC}\sqrt{V^2 + (\Omega r)^2}\,\beta t f}{\rho_i L}\right)_{\mathrm{S}} = \left(\frac{\mathrm{LWC}\sqrt{V^2 + (\Omega r)^2}\,\beta t f}{\rho_i L}\right)_{\mathrm{R}} \tag{5-44}$$

Langmuir 和 Blodgett 得出了水收集系数与修正的惯性参数关系式[23]:

$$\beta = \frac{1.40(K_0 - 0.125)^{0.84}}{1 + 1.40(K_0 - 0.125)^{0.84}} \tag{5-45}$$

从式(5-45)可以看出,只要缩比前后的 K_0 相似,则 β 也相似。根据相似的要求,缩比前后冻结系数要一致,因此要保证撞击水质量相似,只需要满足下式即可:

$$\left(\frac{\mathrm{LWC}\sqrt{V^2+(\Omega r)^2}\,t}{\rho_i L}\right)_{\mathrm{S}} = \left(\frac{\mathrm{LWC}\sqrt{V^2+(\Omega r)^2}\,t}{\rho_i L}\right)_{\mathrm{R}} \qquad (5-46)$$

根据式(5-46)定义了一个无量纲量——聚集因子,符号为 A_c,表达式为

$$A_c = \frac{\mathrm{LWC}\sqrt{V^2+(\Omega r)^2}\,t}{\rho_i L} \qquad (5-47)$$

撞击水质量相似,要求旋转帽罩缩比前后聚集因子相等,即

$$(A_c)_{\mathrm{S}} = (A_c)_{\mathrm{R}} \qquad (5-48)$$

5. 旋转帽罩结冰热力学特性相似

结冰热力学特性相似要求缩比前后结冰的类型和表面特征相似。对于霜冰而言,只需要满足式(5-16)、式(5-40)和式(5-48)即可,对于明冰和混合冰,此时的冻结系数小于1,必须满足能量平衡相似。本节采用 Messinger 结冰热力学模型推导出需要匹配的无量纲参数。2.3.1节介绍了该模型。Messinger 结冰热力学模型中,质量守恒方程如下:

$$\dot{m}_{\mathrm{imp}} + \dot{m}_{\mathrm{in}} = \dot{m}_{\mathrm{out}} + \dot{m}_{\mathrm{ice}} + \dot{m}_{\mathrm{evap}}$$

结冰计算时,从驻点即滞止点开始计算,与驻点相邻的控制体内没有溢流水进入,所以 $\dot{m}_{\mathrm{in}} = 0$,根据冻结系数的公式可知:

$$f = \frac{\dot{m}_{\mathrm{ice}}}{\dot{m}_{\mathrm{imp}}} \qquad (5-49)$$

对旋转帽罩结冰,撞击进来的水的质量为

$$\dot{m}_{\mathrm{imp}} = \beta \mathrm{LWC}\sqrt{V^2+(\Omega r)^2} \qquad (5-50)$$

流出控制单元的水的质量为

$$\dot{m}_{\mathrm{out}} = (1-f)\dot{m}_{\mathrm{imp}} - \dot{m}_{\mathrm{evap}} \qquad (5-51)$$

将式(5-50)代入式(5-51),可以得出流出水的质量为

$$\dot{m}_{\mathrm{out}} = (1-f)\beta \mathrm{LWC}\sqrt{V^2+(\Omega r)^2} - \dot{m}_{\mathrm{evap}} \qquad (5-52)$$

本章中,旋转帽罩没有采用防冰,根据式(2-26),能量守恒可写成如下形式:

$$\dot{Q}_{\mathrm{in}} + \dot{Q}_{\mathrm{imp}} + \dot{Q}_{\mathrm{ice}} = \dot{Q}_{\mathrm{evap}} + \dot{Q}_{\mathrm{out}} + \dot{Q}_{\mathrm{conv}} \qquad (5-53)$$

式(5-53)中各项的表达式如下:

(1) 在驻点处 $\dot{m}_{\mathrm{in}}$ 为零,因此 $\dot{Q}_{\mathrm{in}} = 0$。

（2）撞击进来的水带入的能量：

$$\dot{Q}_{\text{imp}} = \dot{m}_{\text{imp}} \left\{ c_{p,w}(T - T_0) + \frac{1}{2} \left[V^2 + (\Omega r)^2 \right] \right\}$$

$$= \beta \text{LWC} \sqrt{V^2 + (\Omega r)^2} \left\{ c_{p,w}(T - T_0) + \frac{1}{2} \left[V^2 + (\Omega r)^2 \right] \right\} \tag{5-54}$$

（3）蒸发带走的能量：

$$\dot{Q}_{\text{evap}} = \dot{m}_{\text{evap}} \left[c_{p,w}(T_s - T_0) + L_v \right] \tag{5-55}$$

（4）对流换热带走的能量：

$$\dot{Q}_{\text{conv}} = h_c \left\{ T_s - T - \frac{\left[V^2 + (\Omega r)^2 \right]}{2c_{p,a}} \right\} \tag{5-56}$$

（5）流出控制体的水带走的能量：

$$\dot{Q}_{\text{out}} = \dot{m}_{\text{out}} c_{p,w}(T_s - T_0) = \left[(1-f)\beta \text{LWC} \sqrt{V^2 + (\Omega r)^2} - \dot{m}_{\text{evap}} \right] c_{p,w}(T_s - T_0) \tag{5-57}$$

（6）结冰释放的能量：

$$\dot{Q}_{\text{ice}} = \dot{m}_{\text{ice}} \left[c_{p,i}(T_0 - T_s) + L_f \right] = f\beta \text{LWC} \sqrt{V^2 + (\Omega r)^2} \left[c_{p,i}(T_0 - T_s) + L_f \right] \tag{5-58}$$

将式(5-54)~式(5-58)代入式(5-53)中,得到滞止线上控制体的能量平衡方程:

$$\dot{m}_{\text{imp}} \left[c_{p,w}(T - T_0) + \frac{V^2 + (\Omega r)^2}{2} \right] + f\dot{m}_{\text{imp}} \left[c_{p,i}(T_0 - T_s) + L_f \right]$$

$$= \dot{m}_{\text{evap}} \left[c_{p,w}(T_s - T_0) + L_v \right] + h_c \left[T_s - T - \frac{V^2 + (\Omega r)^2}{2c_{p,a}} \right] \tag{5-59}$$

$$+ \left[(1-f)\dot{m}_{\text{imp}} - \dot{m}_{\text{evap}} \right] c_{p,w}(T_s - T_0)$$

进一步化简可得出:

$$\dot{m}_{\text{imp}} \left[c_{p,w}(T - T_0) + \frac{V^2 + (\Omega r)^2}{2} \right] = \dot{m}_{\text{evap}} L_v + h_c \left[T_s - T - \frac{V^2 + (\Omega r)^2}{2c_{p,a}} \right]$$

$$+ (1-f)\dot{m}_{\text{imp}} c_{p,w}(T_s - T_0)$$

$$+ f\dot{m}_{\text{imp}} \left[c_{p,i}(T_s - T_0) - L_f \right] \tag{5-60}$$

将式(5-60)两边除以 h_c 得到:

$$
\frac{\dot{m}_{\text{imp}} c_{p,w}}{h_c} \left[(T - T_0) + \frac{V^2 + (\Omega r)^2}{2c_{p,w}} \right]
$$

$$
= \left[T_s - T - \frac{V^2 + (\Omega r)^2}{2c_{p,a}} + \frac{\dot{m}_{\text{evap}} L_v}{h_c} \right] + (1 - f) \frac{\dot{m}_{\text{imp}} c_{p,w}}{h_c} (T_s - T_0) \qquad (5-61)
$$

$$
+ \frac{\dot{m}_{\text{imp}} c_{p,w}}{h_c} \frac{f}{c_{p,w}} [c_{p,i} (T_s - T_0) - L_f]
$$

公式(5-61)中定义一个无量纲量,相对热因子 b,其表达式如下:

$$
b = \frac{\dot{m}_{\text{imp}} c_{p,w}}{h_c} = \frac{\text{LWC} \sqrt{V^2 + (\Omega r)^2} \beta c_{p,w}}{h_c} \qquad (5-62)
$$

物理意义是旋转帽罩表面撞击进控制单元的水所储存的能量与表面对流换热量之比。

再定义两个具有温度量纲的参数,水滴能量传递势 ϕ 和空气能量传递势 θ[23]:

$$
\phi = T_0 - T - \frac{V^2 + (\Omega r)^2}{2c_{p,w}} \qquad (5-63)
$$

$$
\theta = T_s - T - \frac{V^2 + (\Omega r)^2}{2c_{p,a}} + \frac{\dot{m}_{\text{evap}} L_v}{h_c} \qquad (5-64)
$$

这样公式(5-61)可以简化为

$$
- b\phi = \theta + (1 - f) b (T_s - T_0) + b \frac{f}{c_{p,w}} [c_{p,i} (T_s - T_0) - L_f] \qquad (5-65)
$$

对于明冰,在滞止线处 $T_s = T_0$,由式(5-65)可以得到:

$$
f_0 = \frac{c_{p,w}}{L_f} \left(\phi + \frac{\theta}{b} \right) \qquad (5-66)
$$

其中,f_0 为驻点即滞止点处的冻结系数。

严格地讲,缩比前后帽罩表面每一点的冻结系数都应匹配,但这在实际操作中是难以实现的。此处将驻点处的冻结系数 f_0 作为热平衡参数进行匹配,并且认为当 f_0 匹配时,帽罩其他部分的冻结系数也匹配[23]。另外,随着结冰的增长,几何形状发生改变,驻点处的冻结系数会变化,因此有必要假设:如果未结冰时,缩比前后驻点的冻结系数相等,那么在结冰过程中,驻点的冻结系数仍然保持相等。考虑到缩比模型与参考模型具有相似的结冰过程,这样的假设是合理的。

要满足缩比模型与参考模型结冰形状相似,要求水的冻结比例相等,即

$$(f_0)_S = (f_0)_R \tag{5-67}$$

有试验表明,要较好实现热力学过程相似,仅满足式(5-67)是不够的,Charpin 等[27]认为相对热因子也是非常重要的量,因此补充了以下要求:

$$(b)_S = (b)_R \tag{5-68}$$

Ruff[28]通过研究发现,静压只有选择在合适的范围内,由式(5-67)和式(5-68)所确定的方法可以实现结冰热力学过程相似,但是此方法没有说明如何选择合适的压力。如果静压选择不当,也不能实现结冰热力学相似,因此 Ruff 提出,为了保证结冰热力学过程相似,除了缩比前后冻结比例相等,空气和水滴的能量传递势在缩比前后也应该相等,即

$$(\phi)_S = (\phi)_R \tag{5-69}$$

$$(\theta)_S = (\theta)_R \tag{5-70}$$

5.2.3　相似参数的影响

相似参数对结冰冰形的影响是结冰相似试验研究领域一直在探索的课题。由于有些相似参数目前还缺乏足够的试验研究数据来评估它们的影响,这里仅对来流速度、水滴直径、液态水含量、压力、旋转对结冰冰形的影响作简单介绍。

1. 来流速度的影响

缩比后的试验速度与原尺寸模型的参考速度比值不能过低也不能过高。如果给出的速度过高,结冰风洞条件可能达不到,如果给的试验速度过低,水滴轨迹会受很大的影响。文献[29]指出,试验风速最好达到参考条件马赫数的 0.6~0.7。一般情况下,缩比后的试验速度都是试验人员自己给出的,常用的缩比速度一般取为与缩比前一致的速度。

2. 水滴直径的影响

Langmuir 等建立了局部收集系数 β 与修正的惯性参数 K_0 间的关系式,如下所示:

$$\beta = \frac{1.40\left(K_0 - \frac{1}{8}\right)^{0.84}}{1 + 1.40\left(K_0 - \frac{1}{8}\right)^{0.84}} \tag{5-71}$$

因此,修正的惯性参数 K_0 对结冰冰形的影响可以从其对结冰收集系数 β 的影响推导出来。缩比试验中平均水滴直径是通过缩比前后修正的惯性参数的匹配计

算得出的。在实际缩比试验时,试验人员最关心的是:如果将修正的惯性参数 K_0 的相似范围放宽,即旋转帽罩缩比前后的 K_0 并不完全严格匹配,对选择平均粒子直径 MVD 有多大的影响。因为一般情况下,尽管都希望缩尺的水滴尺寸尽可能精确,但在某些情况下,如果缩比得出的水滴直径过小,它可能会超出风洞的模拟能力。这就需要研究平均水滴直径对结冰冰形的影响。

1998 年 Chen 在 IRT 结冰风洞中做了平均水滴直径对结冰冰形影响的试验,采用的是 GLC - 305 机翼[23]。两组试验工况分别如表 5-3、表 5-4 所示。

表 5-3　试验工况(a)

尺寸/m	T/K	V/(m/s)	d_w/μm	LWC/(g/m^3)	t/s	β/%	$\beta \times A_c$	f_0
0.609 6	263.15	89	55	1.16	366	91.6	2.32	0.3
0.609 6	263.15	89	20	1.31	366	73.9	2.09	0.3

表 5-4　试验工况(b)

尺寸/m	T/K	V/(m/s)	d_w/μm	LWC/(g/m^3)	t/s	β/%	$\beta \times A_c$	f_0
0.609 6	256.15	89	55	1.16	366	91.6	2.32	0.3
0.609 6	256.15	89	20	1.31	366	73.9	2.09	0.3

液态水含量 LWC 不同是为了保证试验中驻点处的冻结系数 f_0 相等,平均直径的不同导致水收集系数 β 的不同,但是保证 β 与 A_c 的乘积在 10% 内变化。试验结果如图 5-18 和图 5-19 所示。

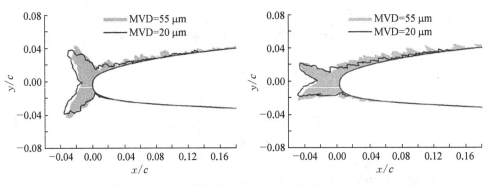

图 5-18　工况(a)平均水滴直径对结冰冰形的影响[23]　　图 5-19　工况(b)平均水滴直径对结冰冰形的影响[23]

从图中可以看出,尽管由于水滴平均直径的不同,导致水收集系数从 91.6% 变化到 73.9%,但是并没有影响主冰形的变化。因此,在进行缩比时,如果得出的水滴直径不在结冰风洞的范围,可以适当在 10% 变化范围内调整 $\beta \times A_c$ 的值,这样得出的水滴平均直径范围会变宽,并且不会影响主冰形。

3. 液态水含量的影响

缩比模型试验中的液态水含量是由缩比前后冻结系数相等推导出来。为了研究液态水含量 LWC 对结冰冰形的影响,前人对 NACA0012 机翼进行了试验[30],试验中保持模型的特征尺寸、来流速度、温度和平均水滴直径相等,同时无量纲量 K_0 和 A_c 保持相等,因此结冰时间会有变化。当 LWC 变化时,冻结系数 f_0 也会变化,试验工况如表 5-5 所示。

表 5-5　试验工况(a)

尺寸/m	T/K	$V/(m/s)$	$d_w/\mu m$	LWC/(g/m^3)	t/s	$\beta/\%$	A_c	f_0
0.533 4	261.45	67	30	1.4	312	80.3	1.9	0.4
0.533 4	261.45	67	30	1.0	366	80.4	1.9	0.52

试验结果如图 5-20 所示。

从图 5-20 可以看出当液态水含量从 1.4 g/m^3 降低到 1.0 g/m^3 时,主冰形的冰角向前移动了,并且结冰厚度也有变化。因此当控制特征尺寸、来流速度、温度和平均水滴直径相等时,液态水含量的变化会引起结冰冰形和结冰厚度的变化。

为了更进一步看液态水含量的影响,控制特征尺寸、来流速度、冻结系数和平均水滴直径相等,工况如表 5-6 所示。

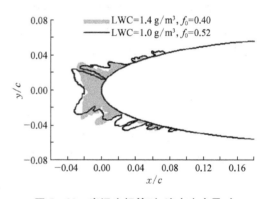

图 5-20　当温度相等时,液态水含量对结冰冰形的影响(a)[30]

表 5-6　试验工况(b)

尺寸/m	T/K	$V/(m/s)$	$d_w/\mu m$	LWC/(g/m^3)	t/s	$\beta/\%$	A_c	f_0
0.533 4	258.15	67	30	1.4	312	80.3	1.9	0.52
0.533 4	261.15	67	30	1.0	366	80.4	1.9	0.52

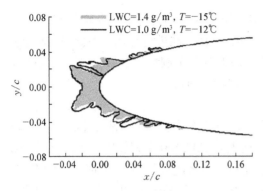

图 5 - 21　当冻结系数相等时,液态水含量对结冰冰形的影响(b)[30]

试验结果如图 5 - 21 所示。

从图 5 - 21 中可以看出当液态水含量从 1.4 g/m³ 降低到 1.0 g/m³ 时,冰形基本上没有变化,尤其是冰角符合良好。

可以看出,液态水含量并不是作为一个独立的变量对冰形造成影响,是与其他变量共同影响的,同时冻结系数对结冰冰形的影响非常大。

4. 压力的影响

Oleskiw 等[31]进行了压力对结冰冰形影响的研究,研究结果表明:当压力的变化范围是 30 000~101 000 Pa 时,压力变化对冰形的影响不大。受压力变化影响较大的参数是 K_0、θ 和 b,而压力的变化对参数 β、A_c 和 f 基本没有影响,或是影响很小。对于给定的速度,在上述压力变化范围内,尽管 θ 和 b 随压力的变化而变化,但是二者比值 θ/b 几乎不变。

5. 旋转的影响

旋转效应对结冰冰形的影响分为两种,一种是帽罩旋转引起周围的空气场变化,导致撞击的水滴轨迹发生微小变化,另一种是旋转可能会导致帽罩表面水膜运动发生变化。因此,旋转相似是建立旋转部件结冰相似准则必不可少的部分。

5.3　结冰相似准则

5.3.1　已有相似准则简介

目前已有的结冰相似准则大都是针对静止部件的,下面介绍一些已有的结冰相似准则。

1. [LWC×t] 为定值的结冰相似准则

该准则约束条件为:缩比前后液态水含量与结冰时间乘积为常数,即 $(\text{LWC} \times t)_S = (\text{LWC} \times t)_R$。一般而言,在其他条件不变时,液态水含量越高,结冰时间越短,即一定范围内,可以认为液态水含量与结冰时间成反比。故可以设定一个参数,即液态水含量和结冰时间的乘积,如果这个参数在实际模型试验与缩比模型试验中相等,并且其他的试验参数(包括模型尺寸、速度、压力、温度和水滴直径)均与实际模型试验条件一样,此时也就符合缩比前后聚集因子相同,即 $(A_c)_S = (A_c)_R$。一般情况下,根据冰风洞的运行范围,缩比试验中的液态水含量 LWC 由试验人员给定,缩比试验的结冰时间由公式 $t_S = t_R(\text{LWC})_R/(\text{LWC})_S$ 确定。因此,

给定缩比模型的液态水含量,其他试验参数即可确定,该准则满足雷诺数和马赫数
相似性要求。该准则可以表述为

$$
\begin{aligned}
&\mathrm{LWC_S} = 用户指定 \\
&L_S = L_R \\
&V_S = V_R \\
&p_S = p_R \\
&(d_w)_S = (d_w)_R \\
&T_S = T_R \\
&(\mathrm{LWC} \times t)_S = (\mathrm{LWC} \times t)_R
\end{aligned}
\tag{5-72}
$$

　　研究表明,在霜冰条件下使用该结冰相似准则,缩比模型上可以得到与实
际模型相似的冰形。但该结冰相似准则没有考虑结冰的热力学过程相似,在
混合冰和明冰条件下,不能得到相似的结冰冰形。另外,由于该准则要求大部
分缩比参数必须与实际模型一样,这可能会超出结冰风洞的运行能力,因此这
种准则一般用于人工模拟云条件下的飞行结冰试验,而很少用于结冰风洞
试验。

　　2. Olsen 结冰相似准则

　　Olsen 和 Newton 对 $[\mathrm{LWC} \times t]$ 为定值的结冰相似准则进行了修订改进,提出了
Olsen 结冰相似准则。在 Olsen 准则中用缩比前后冻结系数相等代替 $[\mathrm{LWC} \times t]$ 为
定值方法中的温度相等。这样 Olsen 方法比 $[\mathrm{LWC} \times t]$ 为定值方法稍微复杂一些,
但是用 Olsen 方法计算的参数,缩比前后冰形更接近。Olsen 方法采用 $\mathrm{LWC} \times t$ 为定
值计算缩比后结冰时间,这保证了缩比前后聚集因子相同,即 $(A_c)_S = (A_c)_R$。
Olsen 方法描述如下:

$$
\begin{aligned}
&\mathrm{LWC_S} = 用户指定 \\
&L_S = L_R \\
&V_S = V_R \\
&p_S = p_R \\
&(d_w)_S = (d_w)_R \\
&(f_0)_S = (f_0)_R \\
&(\mathrm{LWC} \times t)_S = (\mathrm{LWC} \times t)_R
\end{aligned}
\tag{5-73}
$$

　　文献[23]分别用 Olsen 结冰相似准则与 $[\mathrm{LWC} \times t]$ 为定值结冰相似准则计算
的参数进行结冰试验,缩比工况如表 5-7 所示。

表 5 - 7 工况条件

	尺寸/m	T/K	$V/(m/s)$	$d_w/\mu m$	LWC/ (g/m^3)	t/s	$\beta_0/\%$	n_0
实际模型	0.533 4	261	67	30	1.0	438	80.4	0.52
[LWC×t] 准则	0.533 4	261	67	30	1.4	312	80.3	0.4
Olsen 准则	0.533 4	258	67	30	1.4	312	80.4	0.52

计算结果如图 5 - 22 所示。

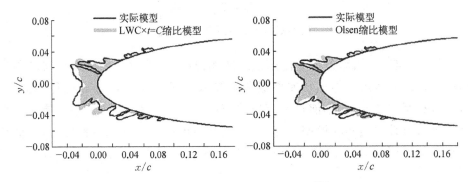

图 5 - 22 两种缩比方法的对比图[23]

从图 5 - 22 可以看出 Olsen 方法的计算结果要优于 [LWC×t] 为定值方法,但是 Olsen 方法仍然需要缩比尺寸与实际模型尺寸相等,这样使得很多结冰风洞达不到要求,因此应用也不是很广泛。

3. Ingelman-Sundberg 结冰相似准则

该准则是由俄罗斯和瑞典的飞行安全联合研究小组提出[32],可以实现试验模型和水滴平均直径的缩比,要求满足缩比前后修正的惯性参数和聚集因子分别相等,这样分别可以计算出缩比后的水滴平均直径和结冰时间。另外,该准则通过使缩比后的试验温度和参考温度相等的方法,来实现结冰热力学过程的相似,当冰风洞不能进行压力控制时,试验压力由气流速度和环境压力来决定,该准则表述如下:

$$L_S = 用户指定$$
$$V_S = 用户指定$$
$$p_S = 由环境条件和测试参数决定$$
$$(K_0)_S = (K_0)_R$$
$$(A_c)_S = (A_c)_R$$
$$(LWC)_S = (LWC)_R$$
$$T_S = T_R$$

(5 - 74)

该准则的缺点是认为仅将缩比后试验温度与参考温度相等,就可以完全实现积冰热力学过程相似,其实不然。该准则对于霜冰可以得到较好的结果,而在明冰混合冰的情况下,得到的结果并不是很理想。

4. ONERA 结冰相似准则

该准则是 Charpin 等[27]提出的,该准则可以实现液态水含量和平均水滴直径缩比,并且通过要求缩比前后冻结系数和相对热因子相等来实现热力学过程相似。

在水滴运动轨迹相似性上,选取 K_0(ONERA 的修正惯性参数)作为相似参数,这样可以得到缩比之后的水滴直径。在水滴收集相似上,选取聚集因子 A_c 作为相似参数,这样可以得到缩比之后的结冰时间。在结冰热力学过程相似上,要求缩比前后冻结系数和相对热因子相等,这样可以分别得到缩比之后的来流速度和液态水含量。ONERA 结冰相似准则在描述结冰热力学相似上较 Ingelman-Sundberg 结冰相似准则有了明显的进步,能更加合理地实现结冰过程的热力学相似。在使用 ONERA 结冰相似准则时,需要确定的缩比模型参数包括速度、压力、水滴直径、液态水含量、结冰时间和温度,共计 6 个量。ONERA 结冰相似准则中,试验总温和总压需要测量获得。缩比模型尺寸由研究人员根据实际要求选定,缩比模型速度根据如下的方法获取。

假设表面温度为 273.15 K,将空气与水的参数代入到式(5-65)时,能量方程可以化为[23]

$$\frac{1.058 \times 10^6}{p} = T(1 + b) + 1\,732\,\frac{p_w}{p} + 79.7f_0b + (3.645\,8 + b)\,\frac{V^2}{8\,373}$$

$$(5-75)$$

其中,p_w 是水蒸气的压力。f_0 和 b 与参考值一样,这样式子中的未知量只有静温、速度、静压和水的蒸汽压。ONERA 方法中并没有控制静压和静温,而是测量出总压和总温。静温是速度和总温的函数,静压是速度和总压的函数,水的蒸汽压是静压的函数,这样可以先假设一个来流速度,然后采用迭代的方法,求出试验的来流速度,同时也得到了试验的静温和静压。

ONERA 结冰相似准则的匹配关系如下:

$$L_S = 用户指定$$
$$(K_0)_S = (K_0)_R$$
$$b_S = b_R$$
$$(A_c)_S = (A_c)_R$$
$$(f_0)_S = (f_0)_R \qquad (5-76)$$
$$V_S = 由式(5-75)计算$$
$$p_S = 由式(5-75)计算$$
$$T_S = 由式(5-75)计算$$

通过验证试验证明,在霜冰情况下,采用该准则可以在缩比模型上得到相似的冰形。相较液态水含量和结冰时间乘积为常数的准则及俄罗斯和瑞典飞行安全联合研究小组提出的 Ingelman-Sundberg 准则而言,当压力在合适的范围内,在结冰类型为混合冰或明冰时,该准则依然可以得到相似的结冰冰形。

5. Ruff 结冰相似准则

Ruff 是第一个将相似参数 K_0、A_c、f_0、b、θ、ϕ 系统地综合起来的。他先后提出了四种结冰相似准则,分别为 Ruff-1、Ruff-2、Ruff-3 和 Ruff-4 结冰相似准则,其中 Ruff-4 准则就是比较熟悉的 AEDC 准则。下面将分别对这四种准则进行介绍。

Ruff-1 准则匹配相似参数 K_0 和 A_c,进而得到缩比后水滴的平均直径和结冰时间,其中缩比模型尺寸、来流速度和液态水含量均由研究人员确定,试验的静压、静温也与参考值相等,该准则可以表述为

$$
\begin{aligned}
L_S &= 用户指定 \\
V_S &= 用户指定 \\
LWC_S &= 用户指定 \\
(K_0)_S &= (K_0)_R \\
(A_c)_S &= (A_c)_R \\
T_S &= T_R \\
p_S &= p_R
\end{aligned}
\tag{5-77}
$$

该准则的缺点是将缩比前后温度相等认为缩比前后结冰热力学过程相似,该准则在明冰和混合冰的条件下不能得到相似的结冰冰形。

Ruff-2 准则匹配相似参数 K_0、A_c 和 f_0,进而得到缩比后水滴的平均直径、结冰时间和温度,其中缩比模型尺寸、来流速度和液态水含量均由研究人员确定,试验的静压与参考值相等,该准则可以表述为

$$
\begin{aligned}
L_S &= 用户指定 \\
V_S &= 用户指定 \\
LWC_S &= 用户指定 \\
(K_0)_S &= (K_0)_R \\
(A_c)_S &= (A_c)_R \\
(f_0)_S &= (f_0)_R \\
p_S &= p_R
\end{aligned}
\tag{5-78}
$$

Ruff 用此准则进行了试验,缩比试验的结冰类型与参考试验一致,但是冰形并不完

全匹配。

Ruff-3 准则匹配相似参数 K_0、A_c、f_0 和 b，进而得到缩比后水滴的平均直径、结冰时间、温度和液态水含量，其中缩比模型尺寸和来流速度由研究人员确定，试验的静压与参考值相等，该准则可以表述为

$$
\begin{aligned}
&L_S = 用户指定 \\
&V_S = 用户指定 \\
&(K_0)_S = (K_0)_R \\
&(A_c)_S = (A_c)_R \\
&(f_0)_S = (f_0)_R \\
&b_S = b_R \\
&p_S = p_R
\end{aligned}
\tag{5-79}
$$

该准则匹配的相似性参数与 ONERA 准则是一致的，不同的是 Ruff 指定了一个缩比速度，并通过匹配冻结系数计算缩比后的静温。

Ruff-4 准则，即 AEDC 结冰相似准则，是指匹配相似参数 K_0、A_c、f_0、θ 和 ϕ，这样相似参数 b 会自动匹配。通过 Ruff-4 准则可以得到缩比后水滴平均直径、结冰时间、液态水含量、结冰压力和温度，缩比模型尺寸和来流速度由研究人员确定，该准则可以表述为

$$
\begin{aligned}
&L_S = 用户指定 \\
&V_S = 用户指定 \\
&(K_0)_S = (K_0)_R \\
&(A_c)_S = (A_c)_R \\
&(f_0)_S = (f_0)_R \\
&\theta_S = \theta_R \\
&\phi_S = \phi_R
\end{aligned}
\tag{5-80}
$$

NASA 研究表明，用 AEDC 准则进行冰风洞试验，无论实际模型结冰类型是霜冰，还是明冰或混合冰，在缩比模型上基本能够得到和实际模型上相似的结冰冰形。

5.3.2　旋转帽罩结冰试验相似准则

旋转帽罩相似试验需要的参数有模型尺寸、来流速度、帽罩旋转角速度、压力、水滴直径、液态水含量、结冰时间和温度，其中缩比模型尺寸和来流速度由研究人员确定，其他参数由相似性参数匹配得到。

在结冰试验中,尤其是旋转部件结冰,会存在冰脱落现象,这是因为冰与结冰表面之间或是冰层内部之间的剪切力超过了临界值。要使缩比前后模型得到相似的冰形,两模型的冰脱落现象应该一致。剪切力大小与动压大小成正比,则必须要求缩比模型和实际模型的动压相等,用此约束作为选择压力的条件[24],动压的定义为

$$q_{dyn} = \frac{1}{2}\rho_a \left[V^2 + (\varOmega r)^2 \right] \qquad (5-81)$$

旋转帽罩结冰相似准则通过匹配相似参数 R_0、K_0、A_c、f_0、b 和 q_{dyn},来分别计算缩比后帽罩旋转角速度、水滴的平均直径、结冰时间、液态水含量、温度和压力。对于旋转帽罩采用的结冰相似准则可以描述为

$$
\begin{aligned}
L_S &= 用户指定 \\
V_S &= 用户指定 \\
(R_0)_S &= (R_0)_R \\
(K_0)_S &= (K_0)_R \\
(A_c)_S &= (A_c)_R \\
(f_0)_S &= (f_0)_R \\
b_S &= b_R \\
(q_{dyn})_S &= (q_{dyn})_R
\end{aligned}
\qquad (5-82)
$$

根据上面的关系可以确定出结冰需要的参数,对于结冰参数的具体选取方法,5.3.3 节将进行详细介绍。

5.3.3　旋转部件结冰参数选取

为了使试验结果尽可能真实地反映实际的结冰情况,要根据提出的旋转帽罩结冰相似准则选取缩比模型试验参数。在给定缩比模型的尺寸后,其他试验参数即可根据旋转帽罩结冰相似准则确定,缩比模型的试验结冰参数计算步骤可以概括如下:

(1) 给出一个满足要求的结冰试验速度;

(2) 根据缩比前后旋转数相等的原则,计算得到缩比模型的旋转角速度;

(3) 根据缩比前后修正的惯性参数 K_0 相等的原则,计算得到缩比模型的水滴平均直径;

(4) 根据缩比前后聚集因子 A_c 相等的原则,计算得到缩比模型结冰时间;

(5) 根据缩比前后相对热因子 b 相等的原则,计算得到缩比模型液态水含量;

（6）根据缩比前后动压 q_{dyn} 相等的原则，计算得到缩比模型的压力；

（7）根据缩比前后冻结系数 f_0 相等的原则，计算得到缩比模型的试验温度，此步骤需要进行迭代计算。

1. 速度的选取

理论上来说缩比模型的来流速度可以在满足相似性要求的范围内自由选取，但是如果根据实际模型的条件选择合适的缩比模型来流速度，将得到更接近实际的试验结果。以下是常用的几种速度选取方法。

（1）最简单的缩比模型来流速度选择方法就是选取等值速度，即缩比模型的来流速度和实际模型的来流速度相等。实际上，这种计算方法相当于将等马赫数作为约束条件。

（2）Olsen 和 Walker 在试验中发现水滴表面动力学特性会对明冰形状造成很大影响。同一时期，Bilanin 和 Anderson 对水滴表面动力学相似进行了研究，试验结果证明了水滴表面特性对试验冰形影响很大[33]，其试验结果如图 5-23 所示，阴影部分表示未加入表面活性剂的结冰冰形，实线为加入活性剂后试验结冰冰形。基于上述考虑，有研究者在选择试验速度时，在设备允许的条件下，采取了等韦伯数的原则。

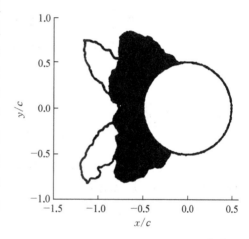

图 5-23　表面活性剂对冰形的影响[33]

等韦伯数约束条件下的缩比来流速度选取公式：

$$V_S = V_R \sqrt{\frac{L_R}{L_S}} \qquad (5-83)$$

等韦伯数来流速度选取方法虽然考虑了表面张力等物理特性的相似，但在实际应用中却受到限制，因为这些方法大部分都要求缩比模型上的试验速度不小于实际模型的参考速度，这种要求往往超出了冰风洞所能达到的速度范围，因此大部分情况下，仍然选取比实际模型来流速度小的试验速度。但是速度不能过小，要大于实际模型来流速度的 0.6 倍。

2. 旋转角速度的选取

当缩比模型的尺寸和来流速度确定以后，要进行缩比帽罩旋转角速度的选取，采用匹配缩比前后的旋转数，即

$$\left(\frac{\Omega L}{V}\right)_{S} = \left(\frac{\Omega L}{V}\right)_{R} \tag{5-84}$$

整理以后得到：

$$\Omega_{S} = \Omega_{R} \frac{L_{R}}{L_{S}} \frac{V_{S}}{V_{R}} \tag{5-85}$$

3. 水滴直径的选取

采用缩比前后修正的惯性参数相等，即 $(K_0)_S = (K_0)_R$，并且已知惯性参数的

表达式，$K_0 = \left[\dfrac{\rho_w R_a^d}{18a(1-d)\mu_a^{1-d}}\right] \dfrac{d_w^{2-d}\sqrt{V^2+(\Omega r)^2}^{1-d} T^d}{Lp^d}$。前面已经提到，在结冰条

件下，温度的变化范围不大，所以水滴的密度 ρ_w 和空气的黏性系数 μ_a 可以近似认

为是常量。当缩比模型和实际模型的修正惯性参数匹配时，可以得到缩比后的水

滴平均直径表达式：

$$(d_w)_S = (d_w)_R \left(\frac{\sqrt{V^2+(\Omega r)^2}_S}{\sqrt{V^2+(\Omega r)^2}_R}\right)^{\frac{d-1}{2-d}} \left(\frac{p_S}{p_R}\right)^{\frac{d}{2-d}} \left(\frac{L_S}{L_R}\right)^{\frac{1}{2-d}} \left(\frac{T_S}{T_R}\right)^{\frac{-d}{2-d}} \tag{5-86}$$

式中，常数 d 在不同研究机构采用不同的值。例如，NASA 的 Olsen 采用 $d = 0.38$，

ONERA 的 Charpin 采用 $d = 0.39$，Dodson 和 Boeing 采用 $d = 0.45$。Bragg 发现 $d = 0.35$ 时匹配最好[25]。因此在本章中也选取 $d = 0.35$，缩比后水滴直径为

$$(d_w)_S = (d_w)_R \left(\frac{\sqrt{V^2+(\Omega r)^2}_S}{\sqrt{V^2+(\Omega r)^2}_R}\right)^{-0.394} \left(\frac{p_S}{p_R}\right)^{0.21} \left(\frac{L_S}{L_R}\right)^{0.61} \left(\frac{T_S}{T_R}\right)^{-0.21} \tag{5-87}$$

4. 结冰时间的选取

采用缩比前后聚集因子相等，即 $(A_c)_S = (A_c)_R$。聚集因子的表达式为：$A_c = \dfrac{\mathrm{LWC}\sqrt{V^2+(\Omega r)^2}t}{\rho_i L}$，假设结冰过程中，冰的密度不变。可以得出缩比试验的结冰

时间为

$$t_S = t_R \left(\frac{L_S}{L_R}\right) \left(\frac{\sqrt{V^2+(\Omega r)^2}_S}{\sqrt{V^2+(\Omega r)^2}_R}\right)^{-1} \left(\frac{\mathrm{LWC}_S}{\mathrm{LWC}_R}\right)^{-1} \tag{5-88}$$

5. 液态水含量的选取

匹配缩比前后的相对热因子，即 $b_S = b_R$，可得缩比试验液态水含量为

$$LWC_S = LWC_R \left(\frac{\sqrt{V^2 + (\Omega r)^2}_S}{\sqrt{V^2 + (\Omega r)^2}_R} \right)^{-1} \left(\frac{h_{cS}}{h_{cR}} \right) \qquad (5-89)$$

取 $h_c = 0.1568 \sqrt{\dfrac{\rho_a \sqrt{V^2 + (\Omega r)^2}}{L} T^{0.52}}$ 和 $p = \rho R_a T^{[23]}$ 代入式(5-89)得

$$LWC_S = LWC_R \left(\frac{L_S}{L_R} \right)^{-0.5} \left(\frac{\sqrt{V^2 + (\Omega r)^2}_S}{\sqrt{V^2 + (\Omega r)^2}_R} \right)^{-0.5} \left(\frac{p_S}{p_R} \right)^{0.5} \left(\frac{T_S}{T_R} \right)^{0.02} \qquad (5-90)$$

h_c 应取为适用于研究对象的对流换热系数。

6. 压力的选取

缩比模型速度和缩比模型压力只要给定一个,即可通过动压相等关系式得出另一个。旋转帽罩相似试验中可以将缩比模型的试验速度先确定,由动压相等关系得到缩比模型的试验压力:

$$p_S = p_R \frac{(V^2 + (\Omega r)^2)_R}{(V^2 + (\Omega r)^2)_S} \frac{T_S}{T_R} \qquad (5-91)$$

7. 温度的选取

为了得到缩比试验温度,采用缩比前后冻结系数相等,即 $(f_0)_S = (f_0)_R$。冻结系数的表达式为

$$f_0 = \frac{c_{p,w}}{h_f} \left(\phi + \frac{\theta}{b} \right) \qquad (5-92)$$

由缩比前后冻结系数匹配可得

$$\phi_S - \phi_R = \frac{\theta_R - \theta_S}{b} \qquad (5-93)$$

则缩比试验温度的表达式为

$$T_S = T_R + \frac{\theta_R - \theta_S}{b} + \frac{(V^2 + (\Omega r)^2)_R - (V^2 + (\Omega r)^2)_S}{2c_{p,w}} \qquad (5-94)$$

需注意的是,由于空气能量传递势 θ 本身是温度的函数,故式(5-94)需迭代求解。

5.4   旋转帽罩结冰相似准则数值验证

为了验证 5.3.2 节旋转帽罩结冰相似准则的合理性,本节采用数值计算方法

对其进行初步验证。计算的旋转帽罩实际模型尺寸以及边界条件如图 5-24、图 5-25 所示,缩比模型采用了 1/2 缩比。本节中,"实际模型"与"全尺寸模型"二者含义相同,不做区分。

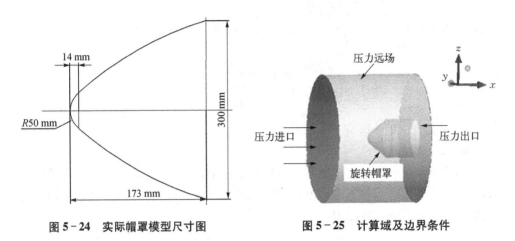

图 5-24　实际帽罩模型尺寸图　　　　图 5-25　计算域及边界条件

5.4.1　等来流速度

前文提到,对于缩比模型试验的来流速度,最简单的方法是选取与实际模型相同的来流速度。本小节采用等来流速度的原则,对 5.3.2 节旋转帽罩结冰相似准则进行评估验证。计算的工况条件如表 5-8 所示。

表 5-8　旋转帽罩结冰计算的工况条件(一)

尺　寸	转速/ (r/min)	特征长度 /m	来流速度 /(m/s)	MVD/μm	LWC/ (g/m³)	静温/K	结冰时间 /s
实际模型	1 000	0.173	89.4	40	1	262	200
1/2 缩比模型	2 000	0.086 5	89.4	26.3	1.4	261.98	71

旋转帽罩中间截面上的水收集系数如图 5-26 所示。y 轴垂直于来流方向,零点位于帽罩驻点处。图 5-26(a)、(b) 分别给出了实际模型和缩比模型上的局部收集系数分布,很明显驻点附近水收集系数较高。将缩比模型的尺寸按比例放大,放到同一张图片中,如图 5-27 所示,可见两者符合较好,表明不管在高转速下还是低转速下,本章所采用的水滴运动轨迹相似及撞击水质量相似满足相似性的要求。从图 5-27 中也可看出,缩比模型的水滴撞击极限与实际模型的水滴撞击极限也吻合良好。由于流场及部件外形具有相似性,两者水收集系数的变化趋势也相同,因而缩比帽罩与实际帽罩具有相同的水滴收集特性。

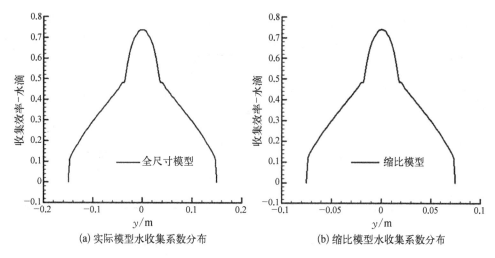

(a) 实际模型水收集系数分布　　　　(b) 缩比模型水收集系数分布

图 5-26　水收集系数分布

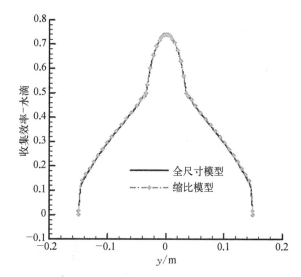

图 5-27　实际模型与缩比模型水收集
系数分布对比图

　　取旋转帽罩中间截面的结冰厚度,如图 5-28(a)、(b) 所示,对比两图可以发现,除了冰的类型保持一致之外,冰的最大厚度和分布位置均保持了 1/2 的缩比比例。缩比旋转帽罩与实际帽罩计算具有相似的冰层厚度。将缩比模型的冰层厚度按比例放大,并与实际模型绘制在同一图中进行比较,如图 5-29 所示。可以看出,实际模型与缩比模型冰形的厚度几乎完全一致。将缩比模型的冰形和实际模型的冰形均进行几何归一化处理,如图 5-30 所示,可以发现两者结冰冰形相似,吻合很好。

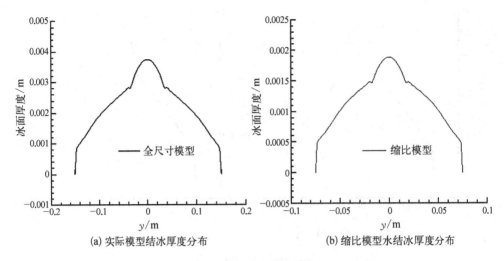

(a) 实际模型结冰厚度分布　　　　　(b) 缩比模型水结冰厚度分布

图 5-28　结冰厚度分布

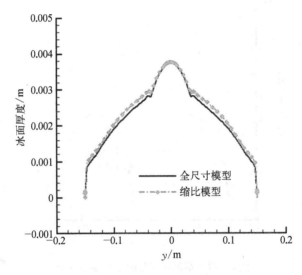

图 5-29　实际模型与缩比模型结冰厚度分布对比

　　以上分析是基于实际模型转速为 1 000 r/min 时所进行的计算。为了更具有说服性,又计算了实际模型转速为 3 000 r/min 时的水收集系数分布和结冰冰形,同时也对相应的缩比模型进行了参数计算和结冰计算。计算的工况条件如表 5-9 所示。

　　水收集系数对比如图 5-31 所示。从图中可以看出,转速提高后,实际模型的最大水收集系数与缩比模型的最大水收集系数以及分布趋势仍然保持一致。

　　将实际结冰冰形与缩比结冰冰形进行归一化后对比,如图 5-32 所示。

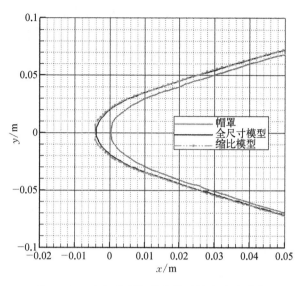

图 5-30　实际模型与缩比模型结冰冰形对比

表 5-9　旋转帽罩结冰计算的工况条件(二)

尺　寸	转速/(r/min)	特征长度/m	来流速度/(m/s)	MVD/μm	LWC/(g/m³)	静温/K	结冰时间/s
实际模型	3 000	0.173	89.4	40	1	262	200
1/2 缩比模型	6 000	0.086 5	89.4	26.1	1.4	261.1	70

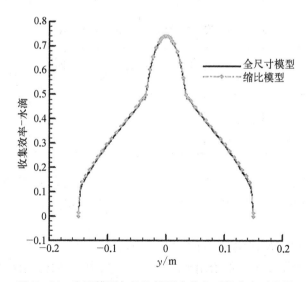

图 5-31　实际模型与缩比模型水收集系数分布对比图

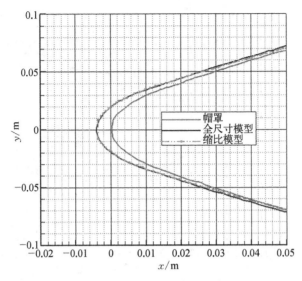

图 5 - 32　实际模型与缩比模型结冰冰形对比

从图中可以看出,归一化后的缩比结冰冰形与实际结冰冰形吻合良好。

综上,当缩比模型的来流速度与实际模型一致时,在不同转速下,5.3.2节的旋转帽罩结冰相似准则都是有效的。

5.4.2　来流速度变化

为了更充分地验证旋转帽罩结冰相似准则的合理性,本节选取了缩比模型与实际模型来流速度变化的工况进行计算,工况条件如表 5 - 10 所示。

表 5 - 10　旋转帽罩结冰计算的工况条件(三)

尺　寸	转速/ (r/min)	特征长度 /m	来流速度 /(m/s)	MVD/μm	LWC/ (g/m³)	静温/K	结冰时间 /s
实际模型	3 000	0.173	89.4	40	1	262	200
1/2 缩比模型	5 033	0.086 5	75	30.3	1.5	262.22	77

水收集系数计算结果如图 5 - 33 所示。从图上可以看出,实际模型驻点处水收集系数与缩比模型驻点处的水收集系数以及水收集系数沿帽罩表面的分布趋势吻合良好。

为了方便对结冰冰形进行对比,同样将缩比模型的结冰冰形进行几何归一化处理,与实际模型的结冰冰形绘制到同一张图形当中,得到的结冰冰形如图 5 - 34 所示。

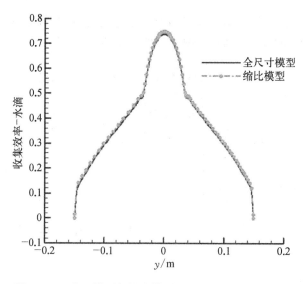

图 5－33　实际模型与缩比模型水收集系数分布对比图

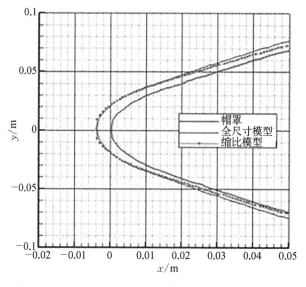

图 5－34　实际模型与缩比模型结冰冰形对比

从图上可以看出,实际模型结冰冰形与缩比模型结冰冰形相似。因此在进行冰风洞试验时,如果结冰风洞的来流速度范围达不到实际模型的来流速度,可以适当降低缩比模型的来流速度,使之在结冰风洞承载范围内。

5.4.3　来流温度变化

5.4.1 节和 5.4.2 节对旋转帽罩结冰相似准则的验证都是在 262 K 的温度下

计算的,为了验证在其他试验温度下相似准则的适用性,本节进行了 252 K 温度时旋转结冰相似准则的验证,结冰工况如表 5-11 所示。

表 5-11   旋转帽罩结冰计算的工况条件(四)

尺 寸	转速/ (r/min)	特征长度 /m	来流速度 /(m/s)	MVD/μm	LWC/ (g/m³)	静温/K	结冰时间 /s
实际模型	1 000	0.173	89.4	40	1	252	200
1/2 缩比模型	2 000	0.086 5	89.4	26.0	1.4	250.23	71

水收集系数对比如图 5-35 所示。实际模型与缩比模型水收集系数的分布是相似的。

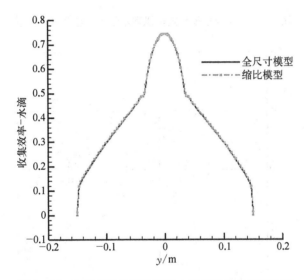

图 5-35   实际模型与缩比模型水收集系数分布对比图

图 5-36 是结冰的厚度对比,将缩比模型的结冰厚度按比例放大,与实际模型的结冰厚度绘制到同一张图形当中。从图中可以看出,实际模型与缩比模型的结冰厚度吻合良好。另外与温度 262 K 时(图 5-29)相比结冰厚度增加了,这是因为其他条件相同时,温度越低,能够冻结的水量越多。

将缩比模型的结冰冰形与实际模型的结冰冰形进行几何归一化处理,并显示在一张图上,如图 5-37 所示。可以看出,实际模型结冰冰形与缩比模型结冰冰形几乎完全吻合。从以上结果看出,5.3.2 节的旋转帽罩结冰相似准则,在不同温度下是有效的。

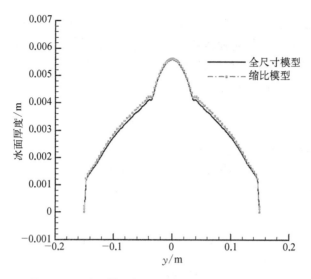

图 5-36　实际模型与缩比模型结冰厚度分布对比

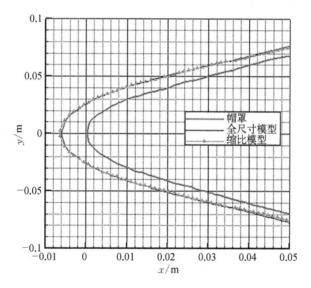

图 5-37　实际模型与缩比模型结冰冰形对比

5.5　本 章 小 结

在绝大多数冰风洞中,航空发动机结/防冰试验往往需要进行缩比试验,而相似准则是冰风洞试验成败的关键因素。本章对结冰相似原理、结冰相似参数、结冰相似准则进行了分析,在此基础上提出了旋转帽罩结冰相似准则,并采用数值方法进行了初步验证,结果表明该相似准则具有一定的合理性,可为旋转帽罩的冰风洞试验提供借鉴和参考。然而旋转帽罩结冰相似准则涉及参数较多,各种因素相互影响错综复杂,对该相似准则仍需要开展深入研究,只有经过冰风洞试验的反复验证,并进行逐步的改进和完善之后,才能真正应用于工程实践。

参考文献

[1] 战培国. 国外结冰风洞发展动向综述[J]. 飞航导弹,2020(12):84-88.

[2] 贾明,张大林. 冰风洞试验研究[J]. 江苏航空,2008(S1):70-73.

[3] 赖庆仁,柳庆林,郭龙,等. 基于大型结冰风洞的航空发动机结冰与防冰试验技术[J]. 实验流体力学,2021,35(3):1-8.

[4] 王宗衍. 冰风洞与结冰动力学[J]. 制冷学报,1999(4):15-17.

[5] 战培国. 结冰风洞研究综述[J]. 实验流体力学,2007,21(3):92-96.

[6] Tsao J C, Porter C. Characterization of collection efficiency of the common research model midspan wing section in the IRT[C]. Xiamen: AIAA Aviation 2021 Forum, 2021.

[7] Flegel A B. Ice crystal icing research at NASA[C]. Denver: 9th AIAA Atmospheric and Space Environments Conference, 2017.

[8] Flegel A B, Oliver M J. Preliminary results from a heavily instrumented engine ice crystal icing test in a ground based altitude test facility[C]. Washington: 8th AIAA Atmospheric and Space Environments Conference,2016.

[9] 晓湖. 美国空军阿诺德工程发展中心[J]. 现代军事,1998(2):49-50.

[10] 秦臻,张波. 美国阿诺德工程发展中心发展战略浅析[J]. 燃气涡轮试验与研究,2015,28(1):60-62.

[11] 邢玉明,盛强,常士楠. 大型开式冰风洞的模拟技术研究[C]. 深圳:大型飞机关键技术高层论坛暨中国航空学会 2007 年年会,2007.

[12] Bartlett S, Stringfield M, Tibbals T. Determination of liquid water content in the AEDC engine test cells[C]. Reno: 30th Aerospace Sciences Meeting and Exhibit,1992.

[13] Bartlett S. Icing test capabilities in the aeropropulsion system test facility at the Arnold Engineering Development Center[C]. Colorado Springs: 18th AlAA Aerospace Ground Testing Conference,1994.

[14] Irani E, Al-Khalil K. Calibration and recent upgrades to the cox icing wind tunnel[C]. Reno: 46th AIAA Aerospace Sciences Meeting and Exhibit,2008.

[15] Al-Khalil K. Assessment of effects of mixed phase icing conditions on thermal ice protection systems[R]. DOT/FAA/AR-03/48, 2003.

[16] Vecchione L, De Matteis P P, Leone G. An overview of the CIRA icing wind tunnel[C]. Reno: 41st Aerospace Sciences Meeting and Exhibit, 2003.

[17] Ragni A, Esposito B, Marrazzo M, et al. Calibration of the CIRA IWT in the high speed configuration[C]. Reno: 43rd AIAA Aerospace Sciences Meeting and Exhibit,2005.

[18] Bellucci M, Esposito B M, Marrazzo M, et al. Calibration of the CIRA IWT in the low speed configuration[C]. Reno: 45th AIAA Aerospace Sciences Meeting and Exhibit,2007.

[19] Orchard D, Clark C, Oleskiw M. Development of a supercooled large droplet environment

within the NRC altitude icing wind tunnel[R]. SAE Technical Paper 2015 – 01 – 2092, 2015.

[20] Fuleki D M, MacLeod J D. Ice crystal accretion test rig development for a compressor transition duct[C]. Toronto: AIAA Atmospheric and Space Environments Conference, 2010.

[21] Currie T C, Struk P M, Tsao J C, et al. Fundamental study of mixed-phase icing with application to ice crystal accretion in aircraft jet engines [C]. New Orleans: 4th AIAA Atmospheric and Space Environments Conference, 2012.

[22] 赵秋月, 董威, 朱剑鋆. 发动机旋转整流罩的水滴撞击特性分析[J]. 燃气涡轮试验与研究, 2011, 24(4): 32 – 35.

[23] Anderson D N. Manual of scaling methods[R]. NASA/CR – 2004 – 212875, 2004.

[24] 易贤. 飞机积冰数值计算域积冰试验相似准则研究[D]. 绵阳: 中国空气动力研究与发展中心, 2007.

[25] Bragg M B. A similarity analysis of the droplet trajectory equation[J]. AIAA Journal, 1985, 20(12): 1681 – 1686.

[26] Langmuir I, Blodgett K B. A mathematical investigation of water droplet trajectories[R]. Army Air Forces Technical Report, 1946.

[27] Charpin F, Fasso G. Icing testing in the large modane wing-tunnel on full-scale and reduced scale models[R]. NASA/TM – 1979 – 75737, 1979.

[28] Ruff G A. Verification and application of the icing scaling equations [R]. AIAA – 86 – 0481, 1986.

[29] 易贤, 冯丽娟, 赵克良, 等. 飞机结冰试验参数选取方法[C]. 南昌: 第五届中国航空学会青年科技论坛, 2012.

[30] Anderson D N. Further evaluation of traditional icing research tunnel validation studies[R]. AIAA – 96 – 0633, 1996.

[31] Oleskiw M M, Fabrizio D G, Esposito B. The effect of altitude on icing tunnel airfoil icing simulation[R]. FAA International Conference on Aircraft Inflight Icing, 1996.

[32] Ingelman S M, Trunov O K, Ivaniko A. Methods for prediction of the influence of ice on aircraft flying characteristics [R]. Swedish-Soviet Working Group on Flight Safety, 6th Meeting, Report No. Jr – 1, 1977.

[33] Bilanin A J, Anderson D N. Ice accretion with varying surface tension[R]. AIAA – 95 – 0538, 1995.

第6章
冰晶导致的发动机结冰

一般认为经过风扇压缩后的空气温度会高于0℃,因此发动机的压缩部件不会发生结冰。而近年来通过对多起发动机推力损失事件的研究,人们发现低压压气机甚至高压压气机前几级都可能发生结冰,并且冰晶是导致压气机结冰的罪魁祸首[1],如图6-1所示。冰晶导致的压气机结冰研究比过冷水滴导致的发动机结冰研究更为复杂,涉及的动力学及热力学问题更多。因此,冰晶导致的压气机结冰已经成为航空发动机领域面临的一个新的课题和挑战。

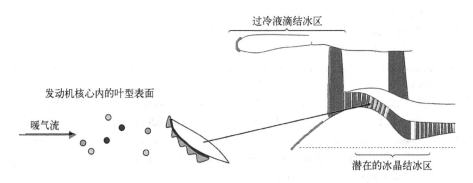

图 6-1　涡扇发动机中冰晶结冰

冰晶结冰是指发动机吸入冰晶以后,冰晶在压气机流道内部分融化,之后在压气机内部发生冻结的现象。需要说明的是,冰晶结冰不只发生在发动机内部,在防冰开启的传感器上也会发生。

6.1　冰晶结冰概述

6.1.1　冰晶结冰问题的出现
自20世纪80年代以来,对飞机发动机事故的研究已经确认了140多起发动机功率损失事件是由发动机核心机结冰导致的[2],非定期运输类飞机和大型运输类飞机都涉及,其中14起事件是多台发动机熄火[3]。80年代初,一架大型运输机在 8 500 米 -40℃ 的高空发生了发动机功率损失事件,调查人员最初考虑了冰晶是否是罪魁祸首,但最终没能解释冰晶如何在发动机内冻结。90 年代中期发生了多起高涵道比涡扇发动机功率损失事件,这些发动机在 8 500 米到 9 400 米高度的大雷暴附近巡航时经历了非指令性推力减小。在 1990 年至 2003 年,发动机功率损失事件不断发生,并且很多飞行员报告当时很巧合地遭遇了一场大雨。降雨让调查人员感到非常困惑,后证实所谓"大雨"是冰晶落到加热风挡后迅速融化,造成一种视觉上的错觉。但当时人们并没有正确地将推力损失原因归结为冰晶结冰。2002 年一架大型运输机的发动机推力损失事件是人们认识冰晶对发动机影响的一个转折点。该运输机每个机翼上都配装了结冰探测器,但是发动机推力损失时,两台结冰探测器都没有检测到足够的过冷液态水,同时飞机的总温探测器以及发动机的总温探测器都显示出了被冰晶腐蚀的痕迹。这表明发动机故障不仅与过冷水结冰有关,更可能是冰晶或混合相结冰导致的,但是当时不清楚冰晶或混合相结冰的机理。

直到 2006 年,波音公司的 Mason 等[1]对 46 起发动机推力损失事件进行了分析,这些事件发生在飞行的 3 个阶段: 爬升(1 起事件)、巡航(17 起事件)、下降(28 起事件)。在 46 起事件中,有 35 次记录到了飞机总温(total air temperature, TAT)异常。通过分析明确了冰晶导致的压气机结冰是引起发动机推力损失的原因,通过对冰晶引起结冰的过程进行分析,Mason 认为冰晶进入压气机后,由于周围空气温度高于冰点,部分冰晶融化,在叶片表面形成水膜,后续冰晶撞击到叶片表面时,由于水膜的存在,部分冰晶"黏附"在表面,并发生热量交换,由于不断有冰晶通过撞击黏附在叶片表面,与周围水膜及叶片发生热量交换,因此叶片温度不断降低,当叶片表面温度低于冰点时,水开始凝固成冰。冰晶结冰的过程如图 6 - 2 所示。Mason

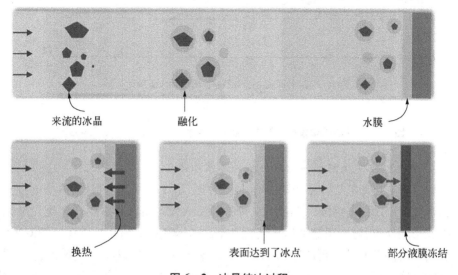

图 6 - 2　冰晶结冰过程

的分析与 FAA 的专家在研究相似类型的高空发动机故障时得出的结论是一致的[4]。从此,冰晶对发动机的威胁引起了人们的重视并相继开展了大量的研究[5-7]。2015 年 FAA 发布了 33 - 34 号修正案,正式将冰晶气象条件纳入了审定规章[8]。

6.1.2　冰晶结冰与过冷水滴结冰的不同

冰晶结冰不同于过冷水滴结冰,冰晶结冰具有如下特点。

1. 冰晶结冰的空域不同于过冷水滴结冰

冰晶一般出现在 6 700 m 以上具有强对流特性的云层中[9],这一高度已经达到了液态水存在的上限,因此液态水含量几乎为零。从图 6 - 3 中可以看出绝大部分冰晶结冰导致的推力损失事件都发生在 FAA 联邦航空条例(FAR - 25)附录 C 规定的连续最大结冰和间断最大结冰包线之外。因此冰晶结冰的空域不同于过冷水滴。另外,冰晶结冰一般发生在强对流气象条件下,冰晶含量高、粒径大。

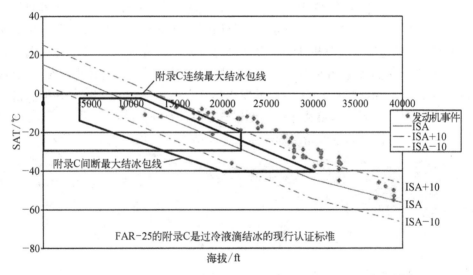

图 6 - 3　发动机功率损失和发动机损伤事件发生的高度和温度范围[1]

2. 冰晶结冰发生的部件与过冷水滴结冰不同

冰晶撞击到飞机的机翼、尾翼等迎风部件时,由于表面温度很低,冰晶不会黏结在物体表面,因此不会引起飞机结冰。而冰晶进入发动机内部可能会出现先融化再黏附冻结的现象,可能引起低压压气机甚至高压压气机的前几级结冰。图 6 - 4 是一个典型的涡扇发动机可能结冰的位置。从图中看出,发动机的进口部件是过冷水滴的结冰区域,而低压压气机和高压压气机的前几级是可能发生冰晶结冰的区域。另外,冰晶也可能在开启防冰的传感器表面发生结冰。因此可以看出冰晶结冰的部件与过冷水滴结冰有明显不同。

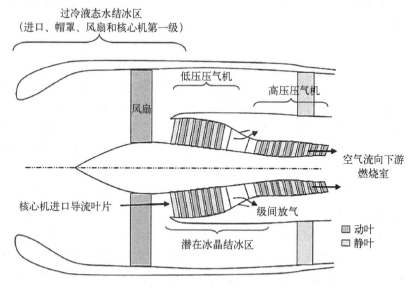

图 6-4　典型的涡轮风扇发动机空气压缩系统图(潜在结冰位置)[1]

3. 冰晶结冰的动力学过程比过冷水滴结冰更加复杂

首先,冰晶在穿越压气机的过程中,由于周围空气温度高于 0℃,表面逐渐融化成水膜,粒径变小,在气动力作用下表面水膜可能剥离形成小水滴,因此发动机吸入冰晶的研究是空气-冰晶-水滴三相混合流动,比空气-水滴两相流更加复杂。其次,冰晶融化、表面水膜剥离形成的小水滴撞击在压气机叶片上逐渐积累形成水膜,后续的冰晶撞击水膜的过程可能发生冰晶的破碎、反弹、黏附、水膜的飞溅等,甚至冰晶会侵蚀已经冻结的冰,这些过程比过冷水滴撞击壁面的过程更复杂。再次,当冰晶在转子流道中运动时,转子高速旋转导致冰晶受到巨大的离心力,其运动轨迹发生显著变化。因此冰晶结冰的动力学过程比过冷水滴结冰更加复杂。

4. 冰晶结冰的热力学过程比过冷水滴结冰更加复杂

过冷水滴在撞击到发动机进口部件以前,是在周围大气环境中运动,水滴与周围空气发生换热、产生蒸发时,大气环境的参数不会因此发生变化;水滴撞击到部件表面,发生冻结时,同样是在外流场中进行的,因此热力学模型中空气的参数可以认为是大气环境参数。而冰晶进入发动机以后,是在压气机流道内运动。压气机流道是介于轮毂和机匣之间的环形通道,并且通道截面尺寸逐级减小,由于每一级转子和静子数目不同,通道的宽窄会根据位置的不同而发生变化,因此冰晶运动、融化、冻结是在复杂三维受限空间内进行的。由于空气流量一定,冰晶的融化、蒸发、冻结等热力学行为会影响空气参数,而空气参数的变化又会影响冰晶的融化、蒸发和冻结。因此冰晶结冰的热力学过程比过冷水滴结冰更加复杂。

6.1.3　冰晶结冰的危害及研究意义

冰晶引起的压气机结冰可导致压气机失速、喘振、发动机的机械振动;当大量冰晶穿过压气机进入燃烧室可导致燃烧室熄火、发动机停车;冰晶结冰脱落以后可能打伤发动机叶片引起发动机的机械损伤,甚至更严重的后果;冰晶在压气机中蒸发、融化、冻结会改变空气参数,进而影响发动机的性能。另外,冰晶结冰可导致发动机非指令的推力损失。冰晶还可能会堵塞开启防冰的温度传感器、压力传感器以及皮托管,导致传感器失效。

冰晶对发动机的潜在危害必须引起重视,虽然目前尚无明确的冰晶结冰导致的严重飞行事故报道,但是由于发动机吸入冰晶导致的推力损失事件时有发生。GE 公司的 GEnx 发动机、普惠公司的 JT15D‐5、JT8D‐219、霍尼韦尔的 ALF502‐R5 等发动机均出现多次吸入冰晶的发动机推力损失。NASA 为此部署了详细的研究计划[3],并与加拿大国家研究委员会(National Research Council of Canada, NRCC)展开了大量研究[10, 11]。欧洲完成了针对冰晶结冰的 HAIC 项目[12]。2015 年初 FAA 正式发布了 33‐34 号修正案,将冰晶气象条件纳入了适航[13]。我国大力发展的大飞机 C919 以及发动机 CJ‐1000 等都会遇到冰晶气象条件的适航问题。另外,文献[14]指出 60%压气机结冰导致的发动机推力损失事件发生在亚太地区,其原因可能是海水表面温度高,易引发强对流天气,使高海拔的云层中产生冰晶结冰条件,而我国正处于这一区域。因此积极开展冰晶结冰的基础理论以及相应的工程应用研究,对于我国大飞机及发动机的自主研制和发展都具有重要的意义。

6.1.4　冰晶结冰的自然环境

FAR‐33 附录 D 规定了冰晶结冰的自然环境条件。冰晶结冰事件的共同特征是接近深对流云/热带风暴云,因此附录 D 主要是作为附录 C 间断最大结冰包线的深对流云的延伸而提出的[15]。

图 6‐5 的包线范围内,总含水量(g/m³)是根据 90%相对湿度的空气从海平面到高海拔地区的对流上升所定义的绝热递减来确定的并以 0.65 的系数缩放到 17.4 n mile 的标准云长。图 6‐6 显示的是图 6‐5 中冰晶包线边界内跨越环境温度范围的这一距离的总水含量。

除表 6‐1 中注释的情况,总水含量(TWC)可以认为完全由冰晶组成。冰晶的中值质量直径(MMD)范围是 50～200 μm(当量球尺寸),这一数据是基于近对流风暴中心的测量。图 6-6 中的总水含量代表标准的 17.4 n mile 暴露距离(水平云范围)的总水含量,该含量必须随着结冰暴露范围进行调整,如图 6-7 所示。

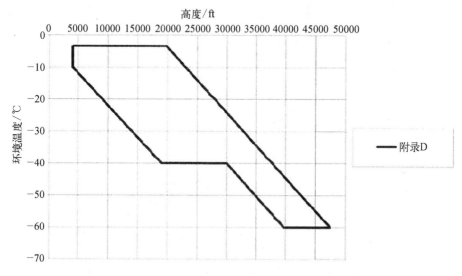

图 6-5　对流云冰晶包线

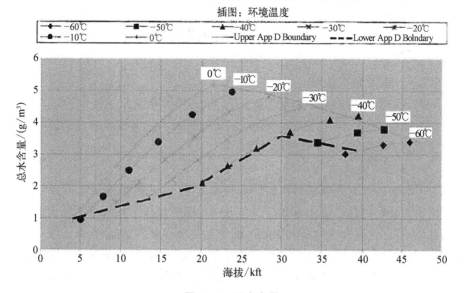

图 6-6　总水含量

表 6 - 1   总水含量的过冷液态部分

温度范围/℃	水平云范围/n mile	液态水含量/(g/m³)
-20~0	≤50	≤1.0
-20~0	不确定	≤0.5
<-20	—	0

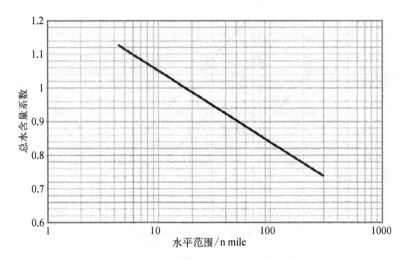

图 6 - 7   暴露范围对总水含量的影响

6.2   冰晶结冰的研究进展

6.2.1   试验研究进展

NASA 在冰晶结冰领域的研究起步早,开展的研究工作丰富全面。以下主要为 NASA 以及合作伙伴在冰晶结冰领域的研究进展。冰晶结冰的试验研究工作可分为定性研究阶段、定量研究阶段。

1. 定性研究阶段

这个阶段的研究主要是对冰晶结冰现象的证实、冰晶结冰影响因素的定性研究。作为 NASA 的合作伙伴 NRCC 首先建立了模拟冰晶结冰环境的试验台。2009年1月,波音公司联合 NRCC 和 NASA 对发动机中介机匣内高于冰点温度下冰晶结冰开展了定性研究,证实了冰晶在高于冰点温度下能够发生结冰这一现象[16,17]。2010年11月,NASA 和 NRCC 用类似于楔形的翼型开展了冰晶结冰的机理试验,探索了压力、马赫数[18]、湿球温度[19]对结冰的影响。2012年文献[20]首次确认了冰晶粒径在结冰中起到了非常重要的作用,并且探讨了冰晶粒径对结冰表面的侵蚀作用。2013 年,位于格林研究中心的推进系统实验室(PSL)首次开展了高涵道比涡扇发动机 ALF502 - R5 的冰晶结冰试验[21,22],该试验的主要目的是验证 PSL 冰晶云校准和发动机测试方法以及生成发动机数据,以支持基础研究和计算研究。通过研究,NASA[23]认识到冰的形成有两种不同类型:① 由冰晶全部或部分融化的水冻结主导,这种冰具有较强的表面黏附力;② 由冰晶的融化主导,这种冰的结构由未融化冰晶形成,具有较弱的表面黏附力。这两种类型的冰晶结冰充分反映了冰晶机理试验[18,19]中观察到的定性趋势。初步研究持续到 2014 年,这一阶段通过定性研究,研究者对冰晶结冰的影响因素、结冰类型都有了认识,接下来进入定量研究阶段。

2. 定量研究阶段

为了进一步研究冰晶结冰问题,NASA 计划在格林研究中心的推进系统实验室(PSL)开展三次冰晶结冰机理研究。2015 年 5 月,NASA 对 PSL 试验段控制混合相的初始数据进行了前期测试[24]。结合本次的试验数据,文献[25]对 PSL 试验段的云雾特性进行了数值分析。由于在发动机内难以直接开展冰晶结冰的机理研究,NASA 在外流中模拟发动机内部结冰的工况条件,可控的条件包括湿球温度、粒径、融化率。在测试段,测量的关键结冰参数包括总水含量、融化率、粒径分布、压力、速度、温度、湿度。2016 年 3 月,NASA 开展了第一次冰晶结冰机理试验,在PSL[26]研究了混合相云雾在 NACA0012 翼型上的结冰,发现冰形有以冰晶侵蚀为特征的箭头样结冰,也有过冷水滴特征的双角冰形。这些研究为发展和验证冰晶数值模拟方法[27-30]提供了可用数据。NASA 在试验中生成冰晶的方式采用了喷雾冷却,即先通过喷嘴喷出水雾,之后水雾冷却,水滴冻结形成冰晶。但在试验中发现,当水滴到达部件表面时,小水滴已经冻结,而大水滴尚未完全冻结,这与发动机内的情况是不一致的。2018 年 6 月 NASA 开展了第二次冰晶结冰机理试验,本次试验中发展了一种移动测试系统,主要方便测量测试段流量和冰晶云特性的径向变化,试验还测量了水含量和粒径[31]、温度和湿度[32]。2018 年的测试中 NASA 开展了 4 种不同融化比下 NACA0012 翼型的结冰现象。目前,第三次冰晶结冰机理试验尚未看到相关报道。可以看出 NASA 并未完全掌握冰晶的结冰机理,相关试验研究仍在进行中。

在欧洲,德国布伦瑞克风洞[33]同样采用 NACA0012 翼型和圆柱翼型对冰晶结冰机理进行了试验。研究结果表明,温度对结冰过程的影响非常强烈,温度低积冰效率低,增加总水含量能够提高结冰强度。牛津大学与罗·罗公司合作研究了冰晶通过弯曲通道内平面直叶栅的堆积情况,考虑了冰晶结冰在叶片通道中径向的变化,试验结果可以看出结冰堵塞了流动通道[34]。

综上,NASA 及其伙伴在冰晶结冰机理研究中主要开展了两方面工作:① 风洞中冰晶云雾环境的产生研究;② 不同的混合相工况下,NACA0012 的结冰现象。可以看出,冰晶结冰机理试验[30,35-37]主要从热力学的角度对冰晶结冰进行了研究。

6.2.2 数值研究进展

1. NASA 的研究进展

NASA 冰晶结冰数值研究主要分为两个方面:① 对风洞中冰晶云雾产生进行模拟;② 对热力学模型进行研究。以下将分别从这两个方面进行论述。

1)风洞中冰晶云雾产生的数值模拟

为了评估结冰风洞中的冰晶云,2014 年 NASA 建立了 1D 热模型。模型采用了 20 组粒径尺寸作为输入,但由于模型不能考虑风洞壁面上的水/冰膜对水蒸气和温度的影响,结果欠佳。2015 年对该模型进行了修改,模型中包含了针对 PSL 设备几何形状的等熵关系,模型预测结果与试验结果进行对比,发现过饱和状态对准确预测结果有影响,之后开发子程序控制湿度,研究表明,湿球温度对于决定云雾的相态影响非常大[25],但是由于该模型无法预测径向云雾变化,导致模型过高预测气动热变化[38]。上述模型中空气的物性保持不变,但在实际风洞中由于空气流量有限,随着冰晶的融化、液滴的蒸发,空气的物性会受到影响。2016 年,Bartkus 等[25]发展了数值模型,耦合了冰晶云与空气流量之间的质量和能量方程,计算冰晶、水滴、空气之间的热交换,2017 年,Bartkus 等[38]又采用这一模型模拟了冰晶云在 NASA 格林研究中心的 PSL 风洞的发展,采用 NASA 第一次结冰机理试验数据进行了对比,但是该模型过高预测了风洞出口的水蒸气含量,说明耦合了冰晶云与空气流量之间的质量和能量方程这一方法仍需要进一步研究。文献[39]模拟了 PSL 云雾,发现粒子在测试段的分布是受上游喷嘴杆以及支撑结构影响的,这个研究中将粒子看作刚性球,没有考虑蒸发、相变等。文献[40]采用 ANSYS 对风洞进行了热力学和云雾机理的 3D 模拟,结果表明 ANSYS 能够预测蒸发和水蒸气,但是不能预测云雾的扩散,这和试验是不一致的,另外不能模拟水滴的冻结,因此本研究没有获得风洞内全面的热力学特性。

可以看出,对于风洞中冰晶云雾产生的数值模拟虽然取得了一定的进展,但是其中仍存在许多问题。

2)热力学模型研究

2011 年,NASA 将格林研究中心冰晶模型加入 LEWICE3D,计算了 E^3 发动机内具有相变的冰晶轨迹,研究中将相变的热力学过程分为三部分:冰晶升温、冰晶融化、水滴升温[41]。2014 年,Tsao 根据试验观察到的两种类型结冰提出了新的热力学模型,Tsao 认为冻结主导的结冰,结冰量部分地取决于冻结分数 n_0(撞击水冻结分数),而融化主导的结冰,结冰量部分地取决于融化分数 m_0(撞击冰晶融化分数),而为了确定 n_0 和 m_0,必须确定质量损失分数 n_{loss}。2018 年,Bartkus 等[42]根据冰晶结冰试验,提出计算质量损失分数的方法。为了解释试验开始阶段冰增长与稳态冰增长不同的原因,Bartkus 对热力学模型进行了改进,加入了冰层的瞬态导热项。2019 年,Bartkus 等[43]采用 2018 年 PSL 的第二次机理试验数据从温度、融化率、黏附效率等几个方面对这一模型进行了评价和分析,预测结果与文献[28,33,35]是一致的。2020 年,NRCC 的 Currie[44]研究了颗粒撞击温暖表面导致的融化,Currie 认为融化不仅提供了液态水的来源,而且将表面冷却,以至于混合相能够冻结。可以看出冰晶结冰的热力学模型研究的成果还是令人满意的。

2. 欧洲的研究进展

在欧洲,航空工业部门使用数值模拟工具准确预测冰晶结冰的需求是非常迫切的,尤其对于新一代发动机的发展。因此欧洲非常重视数值研究的发展,ONERA 发展了冰晶结冰的数值工具 IGLOO2D,土耳其发展了冰晶结冰的计算软件 TAICE[45],牛津/罗·罗开发了冰晶结冰计算软件 ICICLE[34]。以上工作都属于欧洲开展的为期四年的"高空冰晶结冰(HAIC)"项目,该项目由 37 个合作伙伴组成,代表来自 14 个欧洲国家的欧洲航空业的利益相关者,该项目从 2012 年开始,2016 年结束。欧洲在 HAIC 项目完成后,开启了一个新的 MUSIC-haic 计划,这一计划的目标是为了发展先进的冰晶结冰数值工具,这一工具既可以用作预测和减少冰晶结冰危害的设计工具,也可以用于适航认证[45],该项目的时间跨度为 2018 年 9 月至 2022 年 8 月。

3. 国内开展的研究

作者所在团队从 2013 年开始关注冰晶结冰问题,开展了冰晶结冰热力学模型的研究、冰晶融化的物理过程研究、冰晶制备方法研究等。国内从 2015 年初 FAA 发布 33-34 修正案以后,工业界、科研机构、高校逐渐认识到冰晶结冰研究的重要性,并展开研究,目前对冰晶研究主要开展了资料收集整理以及初步的数值研究[46-50]。在符合适航要求的冰晶结冰风洞方面,国内也在加快脚步,逐步开展相关的研究工作。

6.3　冰晶结冰的计算

本节为作者所在团队在冰晶结冰数值模拟方面开展的相关研究。

6.3.1　空气-冰晶-水滴混合相流动

发动机吸入冰晶一般发生在 6 700 m 以上的高空,这一高度已经达到了液态水存在的上限,因此液态水含量几乎为零。高空中典型的冰晶含量为 $2.5 \sim 9 \text{ g/m}^3$,冰晶的粒径分布范围很广($5 \sim 1\ 000\ \mu\text{m}$),典型的冰晶直径范围为 $50 \sim 200\ \mu\text{m}$,并且冰晶形状极不规则,如图 6-8 所示。

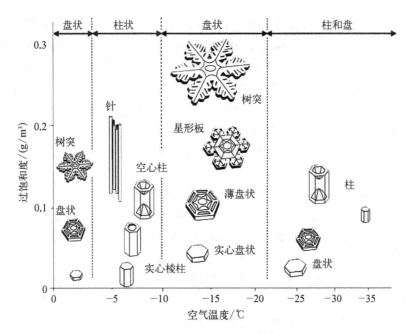

图 6-8　冰晶形状分布[51]

当冰晶含量为 9 g/m³ 时,其体积分数在 10^{-6} 量级,质量分数在 10^{-2} 量级,由两相流理论可知[52,53],此时空气-冰晶两相流处于双向耦合稀疏两相流和单向耦合稀疏两相流的交界位置。双向耦合的稀疏两相流既考虑空气对冰晶的影响,同时也考虑冰晶对空气的影响,而单向耦合的稀疏两相流则只考虑空气对冰晶的影响,忽略冰晶对空气的影响。高空中冰晶含量最大可达 9 g/m³,多数情况下冰晶含量低于此值,因此多数情况下空气-冰晶属于单向耦合的稀疏两相流。

冰晶进入发动机核心流后,由于压气机做功,空气温度可能高于冰点,因此冰晶会发生相变,全部或部分融化,形成水滴。水滴的存在是冰晶结冰的前提。当冰晶尺寸很小时,可能全部融化变成小水滴,而冰晶尺寸较大时,可能部分融化,形成一层水膜,受气动力的影响,水膜脱落形成小水滴。因此可以看出不管冰晶尺寸如何,冰晶融化形成的水滴尺寸都较小。当水滴尺寸较小时,可以近似地将水滴作为刚性球处理。拖曳力系数可采用经典的球形拖曳力系数。

在建立水滴和冰晶的运动方程之前先给出如下假设:

(1)气流不因含有过冷水滴和冰晶而影响气流流过型面的流场,也即只考虑空气对水滴和冰晶的影响,忽略水滴和冰晶对空气的影响;

(2)水滴在运动过程中,既不凝聚也不破碎,尺寸保持不变;

(3)黏度、密度等参数在水滴运动过程中保持不变;

(4)考虑到冰晶尺寸相对较大,作用在冰晶和水滴上的力有黏性力、重力、浮力。

因流动为稀疏两相流,冰晶和水滴均采用拉格朗日法描述。根据牛顿第二定律建立冰晶、水滴的运动方程。

$$\frac{\mathrm{d}u_{\mathrm{p}}}{\mathrm{d}t} = \frac{18\mu}{\rho_{\mathrm{p}}d_{\mathrm{p}}^2} \frac{C_D Re_{\mathrm{p}}}{24}(u_{\mathrm{a}} - u_{\mathrm{p}}) + \frac{g(\rho_{\mathrm{p}} - \rho_{\mathrm{a}})}{\rho_{\mathrm{p}}} \tag{6-1}$$

其中,颗粒相雷诺数: $Re_{\mathrm{p}} = \dfrac{\rho_{\mathrm{p}}d_{\mathrm{p}} \mid u_{\mathrm{p}} - u_{\mathrm{a}} \mid}{\mu}$。

对于球形水滴或冰晶,拖曳力可表示为[52]

$$C_D = \frac{24}{Re_{\mathrm{p}}}[1 + 0.15Re_{\mathrm{p}}^{0.687} + 0.017\,5(1 + 4.25 \times 10^4 Re_{\mathrm{p}}^{-1.16})^{-1}] \tag{6-2}$$

一般而言,冰晶尺寸相对水滴较大,并且冰晶的形状多是不规则的,在运动过程中可能发生旋转,导致产生升力及侧向力,已有的经典球形冰晶的阻力系数不能很好地适用,因此需要考虑非球形冰晶的运动规律。本节基于最基本的冰晶形状即扁六棱柱开展研究,在低到中等雷诺数范围内扁六棱柱的拖曳力系数可以近似地用扁球体的拖曳力系数代替[54],扁球体拖曳力系数如下:

$$Re_{\mathrm{p}} \leqslant 0.01, \quad C_{Di} = \frac{8m}{3Re_{\mathrm{p}}}\left[1 + \frac{mRe_{\mathrm{p}}}{48} + \frac{m^2}{1\,440}Re_i^2\ln\left(\frac{Re_{\mathrm{p}}}{2}\right)\right]$$

$$m = 12e^3\left\{e(1 - e^2)^{1/2} + (2e^2 - 1)\tan^{-1}\left[\frac{e}{(1 - e^2)^{1/2}}\right]\right\}^{-1}$$

$$e = [1 - (c/b)^2]^{1/2}$$

$$0.01 < Re_{\mathrm{p}} \leqslant 1.5, \quad C_{Di} = C_{D,OB}(1 + 10^x) \tag{6-3}$$

$$x = -0.883 + 0.906w - 0.025w^2$$

$$w = \lg(Re_{\mathrm{p}})$$

$$1.5 < Re_{\mathrm{p}} \leqslant 100, \quad C_{Di} = C_{D,OB}(1 + 0.138Re_{\mathrm{p}}^{0.792})$$

$$100 < Re_{\mathrm{p}} \leqslant 300, \quad C_{Di} = C_{D,OB}(1 + 0.008\,71Re_{\mathrm{p}}^{1.393})$$

$$Re_{\mathrm{p}} > 300, \quad C_{Di} = 1.17$$

$C_{D,OB}$ 是低雷诺数时扁球体的拖曳力系数[54,55]:

$$C_{D,OB} = \frac{32f}{bRe_i[\lambda - (\lambda^2 - 1)\tan^{-1}(1/\lambda)]} \tag{6-4}$$

$$f = (b^2 - c^2)^{1/2} \tag{6-5}$$

$$\lambda = c/d_i \tag{6-6}$$

其中,b 是扁球体长轴半径;c 是扁球体短轴半径;c/b 定义为纵横比 E,对于冰晶,纵横比一般为 $0.05\sim0.2$[54];d_i 是等效体积直径,定义如下:

$$d_i = 2bE^{1/3} \tag{6-7}$$

式(6-1)~式(6-7)是冰晶和水滴的运动方程。由于是稀疏流,气流中冰晶和水滴的含量都很低,因此冰晶和水滴之间的作用力忽略。

基于上述的分析,采用单向耦合方法描述空气-冰晶-水滴共存的混合相流动,即只考虑空气对冰晶和水滴的作用,忽略冰晶和水滴对空气的作用以及冰晶和水滴之间的相互作用。空气相采用欧拉法描述,用时均化的 N-S 方程求解,湍流模型采用标准 $k-e$ 湍流模型,函数采用标准壁面函数。

在建立了空气相和颗粒相的控制方程之后,进行了如下计算研究。

首先计算了 150 μm 和 200 μm 冰晶及 20 μm 水滴的撞击特性,如图 6-9 所示,由于冰晶尺寸较大,因此其驻点附近的撞击量更大并且撞击极限更远。这是因为颗粒直径较大,质量也大,惯性力较大,因此在驻点附近更容易脱离流线撞击到叶片表面。对于绕过叶片的颗粒,当粒径较大时,跟随空气运动一段时间也容易脱离空气流线撞击到壁面,粒径较小时,会继续跟随空气一起运动而不会撞击到壁面,因此直径大的撞击极限远。

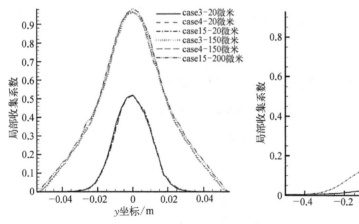
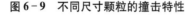
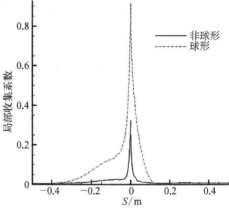

图 6-9　不同尺寸颗粒的撞击特性　　　图 6-10　不同形状颗粒的撞击特性

之后计算了球形和非球形冰晶的运动轨迹,比较了球形和非球形冰晶的撞击特性,如图 6-10 所示,图中横坐标 S 表示叶栅前缘的弧长,$S=0$ 为驻点位置。通过计算发现,与球形冰晶相比,当冰晶为非球形时,撞击极限的变化不明显,但是叶片上的撞击量明显减少,说明非球形冰晶更容易绕过叶片前缘进入发动机内部。

6.3.2　冰晶的撞击特性

冰晶结冰中,水滴来自冰晶融化或部分融化从冰晶表面脱落的水,因此直径较小。本节假设水滴撞击表面后,全部黏附在表面,不考虑破碎、反弹、飞溅等动力学效应。

冰晶撞击到叶片表面可能会发生破碎、黏附、反弹、液膜飞溅等现象,这些现象对结冰过程的影响不可忽略。此处根据冰晶的这些动力学现象,提出冰晶撞击模型。

冰晶撞击表面后的现象与表面状态有很大关系。本节分别针对干表面和湿表面进行分析。

1. 干表面

冰晶撞击干表面可能发生破碎或者反弹。由于干表面没有冰晶黏附的条件,因此假设冰晶撞击干表面(包括霜冰表面)时完全反弹,对结冰没有贡献。这也是为什么冰晶不会在飞机机翼上结冰的原因。

2. 湿表面

冰晶撞击湿表面时,可能发生破碎、黏附、水膜飞溅等。表面水膜越薄,水的阻尼效果越弱,冰晶撞击水膜后越易破碎。因此根据水膜厚度(h)与冰晶直径(D)之比,将湿表面的撞击情况分为薄水膜与厚水膜两类。

1) $h/D<1$(薄水膜)

水膜厚度小于冰晶直径时,水膜的阻尼效果相对较弱。假设这种情况下所有撞击到表面的冰晶全部破碎,并且全部或部分黏附在表面,此处假设黏附的冰晶具有与水膜相同的体积,未黏附的冰晶认为全部反弹。由于水膜非常薄,忽略水膜的飞溅。

2) $h/D\geq1$(厚水膜)

当水膜厚度大于等于冰晶直径时,水膜的阻尼效果明显,假设撞击的冰晶全部黏附,并且引起水膜飞溅,此处假设飞溅的水膜与黏附的冰晶具有相同的体积。

在建立上述撞击模型之后,首先对空气-冰晶-水滴混合相进行了计算,得到了考虑撞击效应的冰晶黏附特性。如图 6-11 所示,从黏附特性曲线可以看出,冰晶黏附的区域取决于水滴的撞击极限。当叶片表面有水膜时,冰晶能够黏附,而在水滴撞击极限之外或者霜冰表面不再有冰晶黏附,因此计算结果中冰晶的黏附量在水滴撞击极限位置为零。

之后,对叶片前缘水膜进行了计算,共计算了两个工况,两个工况来流温度均为-11℃,冰晶直径均为 150 μm,工况一的液态水含量为 0.3 g/m³,工况二的液态水含量为 0.7 g/m³。在得到了两个工况表面水膜的同时也得到了黏附的冰晶质量。如图 6-12 所示,从结果看出,在工况一中表面水膜厚度为零,这说明水滴撞击到表面后立即冻结,表面没有水膜,根据上述的撞击模型,冰晶全部反弹,因此表面黏附的冰晶质量为零;在工况二中,在前缘形成了水膜,驻点水膜厚度最大,

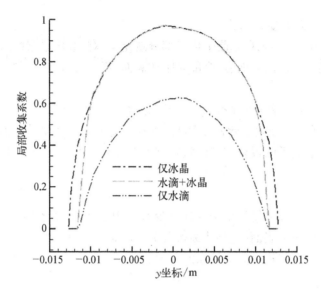

图6-11 考虑撞击效应的冰晶黏附特性

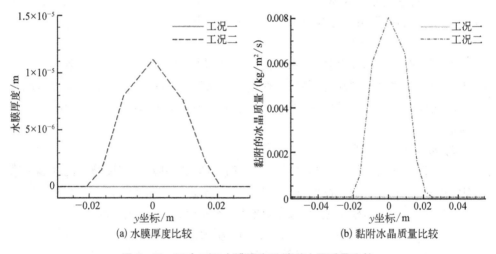

(a) 水膜厚度比较　　　　　　　(b) 黏附冰晶质量比较

图6-12 两个工况水膜厚度及黏附冰晶质量比较

之后向两侧逐渐减小,这说明水滴撞击表面后,没有立即冻结,表面存在水膜,因此会有部分冰晶黏附在表面,由于表面水膜厚度远小于冰晶的直径,根据本节的撞击模型,这属于薄水膜,因此忽略水膜的飞溅,结果表明水膜厚的地方黏附的冰晶多,随着水膜减薄,黏附的冰晶逐渐减少。

需要说明的是,本节建立的撞击模型是在没有统一、公认地通过试验获取的撞击模型的前提下提出的一种假设模型,随着研究的不断推进和深入,可以采用更加先进、准确地通过试验获取的撞击模型。

6.3.3 冰晶的融化

发动机吸入冰晶后,一部分冰晶进入外涵道,一部分冰晶会跟随气流进入内涵道。由于压气机做功,空气温度高于0℃,冰晶由低于0℃的状态升温至0℃,之后发生相变,冰融化成水。冰晶的传热传质及相变过程包括:冰晶升华、冰晶融化以及水的蒸发。在计算冰晶的传热传质及相变特性时,可分为三步:

(1)冰晶温度上升,冰晶表面升华,温度达到冰点;

(2)冰晶开始融化,冰核被同心水膜包裹,水膜蒸发。在这一步中,冰晶形状变化,逐渐变为近似的球形,冰晶全部融化时该步结束;

(3)水滴温度不断升高,水滴不断蒸发。

冰晶的传热传质及相变计算可采用常微分方程描述上述的三个过程。

第一步:

$$\frac{dR_i}{dt} = \frac{Nu\lambda_a}{\rho_a c_{p,a} Le^{1-n} 2R_i} \frac{(\rho_{la} - \rho_{li})}{\rho_i} \quad (6-8)$$

$$\frac{dT_i}{dt} = \frac{3}{2} \frac{Nu\lambda_a}{\rho_i c_{p,i} R_i^2}(T_a - T_s) + \frac{3h_m}{\rho_i c_{p,i} R_i}(\rho_{la} - \rho_{li})(L_f + L_v) \quad (6-9)$$

$$h_m = \frac{Nu\lambda_a}{\rho_a c_{p,a} Le^{1-n} 2R_i} \quad (6-10)$$

第二步:

$$\frac{dm_{ice}}{dt} = \frac{\pi d_w Nu\lambda_a}{L_f}\left[(T_s - T_a) + \frac{L_v}{\rho_a c_{p,a} Le^{1-n}}(\rho_{li} - \rho_{la})\right] \quad (6-11)$$

第三步:

$$\frac{dT_w}{dt} = \frac{6Nu\lambda_a}{d_w^2 \rho_w c_{p,w}}\left[(T_a - T_w) - \frac{L_f}{\rho_a C_{p,a} Le^{1-n}}(\rho_{li} - \rho_{la})\right] \quad (6-12)$$

式中, R_i 为冰晶半径; λ_a 为空气导热系数; ρ_{la} 为空气中水蒸气密度; ρ_{li} 为冰晶表面饱和水蒸气密度; ρ_i 为冰的密度; T_i 为冰晶的温度; $c_{p,a}$ 为空气的比热; Nu 为努塞特数; $c_{p,i}$ 为冰的比热; L_v 为汽化潜热; L_f 为融化潜热; m_{ice} 为冰的质量; d_w 为水滴直径; T_s 为表面温度; T_a 为环境温度; T_w 为水滴温度。第二步中冰晶融化、水膜蒸发导致的粒径变化以及第三步中水滴蒸发导致的粒径变化,读者可自行推导。

方程(6-8)~方程(6-12)按照冰晶的等效直径计算,也可在方程中将冰晶的非球形度考虑进去,详见文献[56]。方程(6-8)~方程(6-12)可以单独用来分析单个冰晶的融化过程,也可以将它们与运动方程结合,计算冰晶在运动过程中的融化率、粒径、温度的变化。

6.3.4　冰晶结冰的热力学模型

本节主要开展冰晶结冰的热力学模型及数值模拟研究。本节在经典 Messinger 结冰热力学模型基础上发展了冰晶结冰热力学模型。

1. 冰晶结冰热力学模型

针对冰晶结冰问题，基于 Messinger 结冰热力学思想和热力学第一定律建立了包含质量守恒和能量守恒的热力学模型。在建立模型之前，需要首先进行说明的是：黏附在表面且参与结冰过程的冰晶与控制单元中的水一起进行热力平衡计算，获得冰晶结冰质量。

1）质量守恒方程

对于控制单元而言，其质量守恒方程可以描述为进入控制单元的质量等于离开控制单元的质量，如图 6-13 所示。对某一控制单元，进入和离开该控制单元的各质量项如式（6-13）所示：

$$\dot{m}_{\text{imp, drop}} + \dot{m}_{\text{imp, crystal}} + \dot{m}_{\text{in}} = \dot{m}_{\text{evap}} + \dot{m}_{\text{ice, c}} + \dot{m}_{\text{splashing}} + \dot{m}_{\text{out}} \qquad (6-13)$$

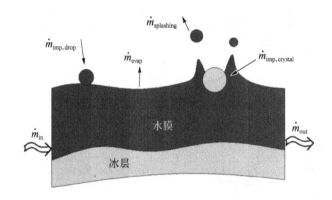

图 6-13　控制单元质量守恒示意图

式（6-13）中等式左侧各项代表单位时间内进入控制单元的质量，分别包括：

（1）$\dot{m}_{\text{imp, drop}}$ 指进入控制单元的水滴的质量流量；

（2）$\dot{m}_{\text{imp, crystal}}$ 指进入控制单元的冰晶的质量流量；

（3）$\dot{m}_{\text{in}}$ 指由周围相邻控制单元流入当前单元的溢流水的质量流量。

式（6-13）中等式右侧代表单位时间内离开控制单元的质量，分别包括：

（1）$\dot{m}_{\text{evap}}$ 指单位时间内控制单元内水膜的蒸发质量，计算公式如下[57]：

$$\dot{m}_{\text{evap}} = \frac{h_c}{R c_{p,a} \rho_a Le^{2/3}} \left[\frac{P_{\text{sat}}(T_s)}{T_s} - \frac{P_{\text{sat}}(T_\infty)}{T_\infty} \right]$$

其中，路易斯数 Le 为 0.86；饱和蒸汽压 P_{sat} 根据文献[58]中的饱和蒸汽压表插值获得；h_c 通过经验公式计算[58]；

（2）$\dot{m}_{\text{splashing}}$ 指从控制单元飞溅出去的水膜的质量流量，由撞击模型求得，在霜冰区域和干表面上，该项为 0；

（3）$\dot{m}_{\text{out}}$ 指从当前控制单元流向相邻单元的溢流水的质量流量；

（4）$\dot{m}_{\text{ice, c}}$ 指控制单元的结冰质量。

2）能量守恒方程

单位时间内进入控制单元的能量等于离开控制单元的能量和控制单元内能的增量之和，如图 6-14 所示。类似于质量守恒方程，同样可以写出控制单元内的能量守恒方程。

$$\dot{Q}_{\text{imp, drop}} + \dot{Q}_{\text{imp, crystal}} + \dot{Q}_{\text{in}} + \dot{Q}_{\text{lat}} + \dot{Q}_f = \dot{Q}_{\text{evap}} + \dot{Q}_h + \dot{Q}_{\text{out}} \qquad (6-14)$$

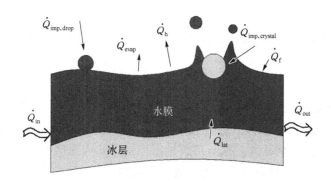

图 6-14　控制单元能量守恒示意图

式（6-14）中等式左侧各项指进入控制单元的能量，分别如下：

（1）$\dot{Q}_{\text{imp, drop}}$ 是由撞击水滴带入的能量；

（2）$\dot{Q}_{\text{imp, crystal}}$ 是撞击进入控制单元的冰晶带入的能量，对于霜冰和明冰采用式（6-15），对于水膜采用式（6-16）；

$$Q_{\text{imp, crystal}} = \dot{m}_{\text{imp, crystal}} c_{p, i}(T_{\text{crystal}} - T_s) + 0.5\dot{m}_{\text{imp, crystal}} U^2 - \dot{m}_{\text{imp, crystal}} L_f$$
$$(6-15)$$

$$Q_{\text{imp, crystal}} = \dot{m}_{\text{imp, crystal}}\left[c_{p, i}(T_{\text{crystal}} - T_0) + c_{p, w}(T_0 - T_s)\right] \qquad (6-16)$$
$$+ 0.5\dot{m}_{\text{imp, crystal}} U^2 - \dot{m}_{\text{imp, crystal}} L_f$$

（3）$\dot{Q}_{\text{in}}$ 是由周围相邻控制单元流入当前单元的溢流水所携带的能量，由于溢流水流速很低，忽略溢流水所携带的动能，因此 $\dot{Q}_{\text{in}}$ 表示为

$$\dot{Q}_{\text{in}} = \dot{m}_{\text{in}} c_{p, w}(T_{\text{in}} - T_s) \qquad (6-17)$$

（4）$\dot{Q}_{\text{lat}}$ 是结冰所释放出的潜热，表示为

$$\dot{Q}_{\text{lat}} = \dot{m}_{\text{ice, c}} L_f \qquad (6-18)$$

（5）$\dot{Q}_f$ 是摩擦生热，$Q_f = h_c A r \dfrac{V_a}{2 C_{Pa}}$，其中恢复系数 $r = 1 - \left(\dfrac{V_a}{V_\infty} \right)^2 (1 - Pr^n)$，层流 $n = 1/2$，湍流 $n = 1/3$；

式（6-14）中等式右侧各项指离开控制单元的能量，本研究没有考虑辐射散热，各项分别如下：

（1）$\dot{Q}_h$ 是对流换热量，其表达式：

$$\dot{Q}_h = hA(T_e - T_s) \qquad (6-19)$$

（2）$\dot{Q}_{\text{evap}}$ 是蒸发带走的热量，由式（6-20）计算：

$$\dot{Q}_{\text{evap}} = \dot{m}_{\text{evap}} L_v \qquad (6-20)$$

（3）$\dot{Q}_{\text{out}}$ 是流出控制单元的水所携带的能量，其表达式与式（6-17）类似，读者可自行写出。

3）冻结系数

通过上述方程描述可以看出，待求方程有两个：方程（6-13）和方程（6-14），待求变量有三个：表面温度（T_s）、流出水量（$\dot{m}_{\text{out}}$）、结冰量（$\dot{m}_{\text{ice, c}}$）。因此需要增加一个约束，即冻结系数。冻结系数是指控制单元内冻结的冰的质量与总的冰水质量的比值。对于只有过冷水滴的结冰一般定义冻结系数为

$$F_d = \frac{\dot{m}_{\text{ice, d}}}{\dot{m}_{\text{imp, drop}} + \dot{m}_{\text{in}}} \qquad (6-21)$$

本节将冰晶-水滴混合相结冰的冻结系数定义如下：

$$F_c = \frac{\dot{m}_{\text{ice, c}}}{\dot{m}_{\text{imp, crystal}} + \dot{m}_{\text{imp, drop}} + \dot{m}_{\text{in}}} \qquad (6-22)$$

4）求解过程

在求解之前，需要先根据表面的状态判断参与结冰的冰晶质量 $\dot{m}_{\text{imp, crystal}}$ 以及水膜飞溅量 $\dot{m}_{\text{splashing}}$，因此需要先确定只有水存在时表面的状态，根据 F_d 的范围判断：

（1）$F_d \geq 1$。

说明水滴撞击表面后立即冻结，形成霜冰，因此冰晶撞击后不会再黏附，冰晶对结冰没有贡献，此时 $\dot{m}_{\text{imp, crystal}} = 0.0$，$Q_{\text{imp, crystal}} = 0.0$。

（2）$0 < F_d < 1$。

说明水滴撞击表面后部分冻结，表面有水膜流动，因此会发生冰晶的黏附，黏附的质量根据撞击模型获得。

（3）$F_d \leq 0$。

说明水滴撞击表面后完全没有冻结，表面为水膜，冰晶能够黏附在表面，黏附质量根据撞击模型获得。

在得到了 $\dot{m}_{\text{imp, crystal}}$ 和 $\dot{m}_{\text{splashing}}$ 后，方程（6-13）、方程（6-14）即可求解，求解过程如下。

假设 T_s = 273.15 K，求解方程（6-13）、方程（6-14），可得到 $\dot{m}_{\text{out}}$ 和 $\dot{m}_{\text{ice, c}}$，进而求出 F_c，根据 F_c 确定最终的结冰量：

若 $F_c \geq 1$，则 $\dot{m}_{\text{ice, c}} = \dot{m}_{\text{imp, crystal}} + \dot{m}_{\text{imp, drop}} + \dot{m}_{\text{in}}$

若 $0 < F_c < 1$，则 $\dot{m}_{\text{ice, c}} = \dot{m}_{\text{ice, c}}$

若 $F_c \leq 0$，则 $\dot{m}_{\text{ice, c}} = 0.0$

求解得到每个单元的结冰质量后，可求出单位时间内每个网格内的结冰厚度：

$$\Delta H = \frac{\dot{m}_{\text{ice, c}}}{\rho_{\text{ice}} A} \tag{6-23}$$

2. 算例计算及分析

本章关注发动机内压气机叶片上的冰晶结冰问题。冰晶结冰是冰晶-水滴混合相结冰，为了验证本章冰晶结冰计算方法的合理性，本节采用 Al-Khalil[60] 2003 年在 Cox 风洞开展的 NACA0012 翼型混合相结冰的实验结果进行验证。实验的翼型弦长为 0.914 4 m，攻角为 0°，实验中水滴的平均粒径均为 20 μm，冰晶平均粒径以及其他工况参数见表 6-2。为了研究冰晶对结冰过程的影响，对于每一个工况又额外计算了只有水滴存在时结冰的冰形。

表 6-2 工况参数[59]

算例	温度/℃	V_∞/(m/s)	ICC/(g/m³)	LWC/(g/m³)	MVD/μm	时间/min
1	-11	54	0.7	0.3	150	10
2	-11	54	0.3	0.7	150	10
3	-5.5	54	0.7	0.7	150	10

1）计算模型及网格

计算的 NACA0012 翼型展向为准三维无限长，计算域的高与 Cox 风洞 Test Section-2[59] 的高度一致为 1.2 m，展向取 0.2 m，两侧为对称边界。计算结果将提取翼型中间截面中心线上的冰形（图 6-15）与实验结果对比。

开始计算前，首先需要验证网格无关性。对如表 6-3 所示的四组网格进行了试算,发现水滴收集率的变化随着网格数目的增加而减小,如图 6 - 16 所示。网格 3 与网格 4 的收集率几乎一致,达到了网格无关性要求,因此研究中采用网格 3 的网格,如图 6 - 17 所示。

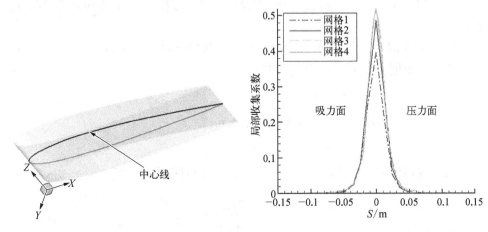

图 6 - 15　翼型中间截面的位置　　　　图 6 - 16　四组网格的水滴撞击效率

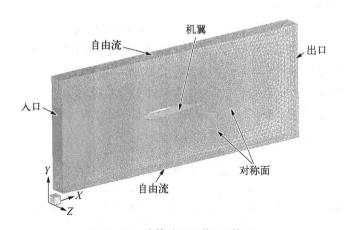

图 6 - 17　计算域和网格(网格 3)

表 6 - 3　四组网格

	单 元 数	面　　数	节 点 数
网格 1	330 283	694 352	72 571
网格 2	522 656	1 097 222	114 092
网格 3	711 779	1 493 492	154 967
网格 4	1 152 073	2 415 421	249 780

2）冰形对比及分析

图 6 – 18 是算例 1 计算结果与实验结果对比，从图上看出计算结果的冰形生长趋势、最大结冰厚度与实验结果吻合良好，冰形最前端向外突出，呈现出霜冰冰形。为了研究冰晶对结冰过程的影响，比较了只含有液态水时表面的结冰冰形，如图 6 – 18 中“只有液滴”曲线。从图上看出当来流只含有液态水时，得到的冰形与混合相结冰得到的冰形完全吻合，这与前面的分析是一致的。因为算例 1 中没有水膜存在，黏附的冰晶质量为零，冰晶对结冰没有贡献，所以混合相计算的冰形与只有液滴时的冰形是吻合的。这也解释了为何冰晶不威胁飞机的安全运行，因为当冰晶撞击机翼、风挡等迎风表面时，由于是干表面无法黏附固体冰晶，因此不会发生结冰，不影响飞机安全运行。

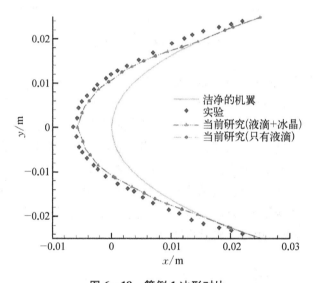

图 6 – 18　算例 1 冰形对比

图 6 – 19 是算例 2 中计算结果与实验结果、文献计算结果对比。从图中看出，本研究计算的结冰外形、结冰生长趋势与实验结果吻合良好，其结果优于文献[60]的结果。这是因为研究中考虑了冰晶撞击薄水膜后的反弹，认为只有部分撞击到表面的冰晶能够黏附，这符合实际物理过程，而文献[60]中则忽略了这一反弹过程。

为了考察冰晶在混合相结冰中的作用，同样计算了只有液态水时的冰形（“只有液滴”曲线）。从图上看出，来流只含有液态水时计算的冰形呈现出了明冰的特点，即驻点位置凹陷、驻点上下出现了冰角。这说明撞击到表面上的水没有立即冻结，表面有水膜存在。在混合相工况下，当表面有水膜存在时，会有部分冰晶黏附在表面，并参与结冰过程。冰晶在升温过程中吸收大量潜热，使表面水膜冻结，不

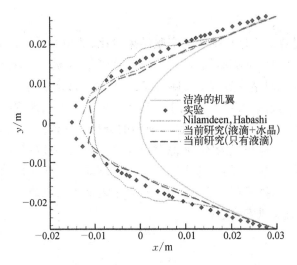

图 6-19　算例 2 冰形对比

产生溢流,因此混合相结冰的冰形具有明显的霜冰特征。

图 6-20 是算例 3 计算结果与实验结果、文献计算结果对比。算例 3 与算例 2 很相似。当只有水滴相存在时,冰形呈现明冰的特点;当水滴和冰晶共存时,冰形呈现出典型的霜冰特点。这表明冰晶参与并且影响了冻结过程。图 6-20 可以看出,在滞止区实验得到的冰形是平坦的,而计算结果则是明显地向外突出的。这是因为算例 3 的温度相对比较高,结冰速率相对较低,在滞止区的水膜比较厚,先撞击上来的冰晶与水膜混合形成泥状的冰水混合物,后撞击的冰晶会引起泥状冰水混合物的飞溅。同时,由于水膜黏附冰晶的能力是有限的,后来的冰晶不能再被黏

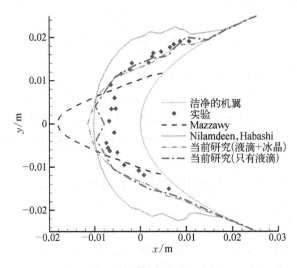

图 6-20　算例 3 冰形对比

附,加之后来的冰晶对之前的结冰具有一定的侵蚀作用,因此滞止区的结冰量减少了,实验结果中滞止区呈现了较为平坦的形状。而本研究中没有考虑冰水混合物的飞溅以及冰晶撞击引起的侵蚀作用,因此滞止区计算结果明显大于实验结果,但是撞击极限以及冰形的生长趋势与实验吻合较好。

由上述分析可见当表面有水膜时,冰晶才会影响结冰的过程。发动机中由于温度高于冰点,冰晶部分融化形成冰晶-水滴共存的混合相,这给冰晶结冰提供了适宜的条件,因此冰晶对发动机的安全运行是一大隐患。

3) 结冰量对比及分析

对于发动机结冰,结冰质量比冰形往往更具有工程价值,因此结冰质量是一个重要参数。研究中对比了单位长度上计算与实验[59,60]的结冰质量,如表 6-4 所示。可以看出计算的单位长度上的结冰质量与实验值吻合较好,从另一方面验证了冰晶结冰热力学模型的正确性。

表 6-4　单位长度上的结冰质量对比

算 例 编 号	展向实验值/(g/cm)	展向数值模拟值/(g/cm)
1	1.41	1.434 2
2	3.62	3.102 5
3	2.40	3.074 2

6.4　本章小结

冰晶结冰是航空发动机结冰领域的前沿研究,目前对于冰晶融化、蒸发、撞击、冻结过程的热力学和动力学相关研究还不够深入,试验方法和手段尚不完备。本章首先介绍了冰晶结冰的现象和危害,之后对美国、欧洲和我国在冰晶结冰方面的研究进行了论述,最后对冰晶结冰开展了计算研究,虽然结果基本满意,但是其中的研究方法、计算模型等仍需进一步改进和完善。

参 考 文 献

[1]　Mason J G, Strapp J W. The ice particle threat to engines in flight[C]. Reno: 44th AIAA Aerospace Sciences Meeting and Exhibit, 2006.

[2]　Mazzawy R S. Technical compendium from meetings of the engine harmonization working group [R]. FAA Report. No. DOT/FAA/AR-09/13, 2009.

[3]　Addy H E, Veres J P. An overview of NASA engine ice-crystal icing research[R]. NASA/TM-2011-217254,2011.

[4]　Rosenker M V. National transportation safety board safety recommendation: H－06－21[R]. Cellular Telephones, 2006.

[5]　Veres J P, Jorgenson P C. Modeling commercial turbofan engine icing risk with ice crystal ingestion[C]. San Diego: 5th AIAA Atmospheric and Space Environments Conference, 2013.

[6]　Goodwin R V, Dischinger D G. Turbofan ice crystal rollback investigation and preparations leading to inaugural ice crystal engine test at NASA PSL－3 test facility[C]. Atlanta: 6th AIAA Atmospheric and Space Environments Conference, 2014.

[7]　Califf C, Knezevici D C. Use of a turbofan engine to measure ice crystal cloud concentration in-flight[C]. Cleveland: 50th AIAA/ASME/SAE/ASEE Joint Propulsion Conference, 2014.

[8]　Department of Transportation, Federal Aviation Administration. Airplane and engine certification requirements in supercooled large drop, mixed phase, and ice crystal icing conditions[S]. FAA, 2014.

[9]　Veillard X, Aliaga C, Habashi W G. FENSAP－ICE modeling of the ice particle threat to engines in flight[R]. SAE 2007－01－3323, 2007.

[10]　Struk P M, Lynch C J. Ice growth measurements from image data to support ice-crystal and mixed-phase accretion testing[R]. AIAA 2012－3036, 2012.

[11]　Currie T C. Numerical studies of altitude scaling for ground level tests of aeroengines with ice crystals[C]. Atlanta: 2018 Atmospheric and Space Environments Conference, 2018.

[12]　Dezitter F, Grandin A, Brenguier J L, et al. HAIC-High altitude ice crystals[R]. AIAA Paper 2013－2674, 2013.

[13]　Federal Aviation Administration. Airplane and engine certification requirements in supercooled large drop, mixed phase, and ice crystal icing conditions: FAA－2010－0636[S]. Federal Aviation Administration (FAA), 2010.

[14]　Mason J G, Grzych M L. Current perspectives on jet engine power loss in ice crystal conditions: engine icing[C]. Chicago: 2008 AIAA Atmospheric and Space Environments and 7th AIRA Research Implementation Forum, 2008.

[15]　Robert S, Mazzawy J, Walter S. Appendix D - an interim icing envelope[C]. Seville: SAE Aircraft & Engine Icing International Conference, 2007.

[16]　Fuleki D M, Macleod J D. Ice crystal accretion test rig development for a compressor transition duct[R]. AIAA 2010－7529, 2010.

[17]　Mason J G, Chow P, Fuleki D M. Understanding ice crystal accretion and shedding phenomenon in jet engines using a rig test[J]. Journal of Engineering for Gas Turbines and Power, 2011, 133(4): 041201.

[18]　Struk P M, Currie T, Wright W B, et al. Fundamental ice crystal accretion physics studies [R]. SAE 2011－38－0018, 2011.

[19]　Currie T C, Struk P M, Tsao J C, et al. Fundamental study of mixed-phase icing with application to ice crystal accretion in aircraft jet engines[R]. AIAA 2012－3035, 2012.

[20]　Knezevici D C, Fuleki D M, Currie T C, et al. Particle size effects on ice crystal accretion [R]. AIAA 2012－3039, 2012.

[21]　Oliver M. Validation ice crystal icing engine test in the propulsion systems laboratory at NASA Glenn Research Center[R]. AIAA 2014－2898, 2014.

［22］　Van Zante J F, Rosine B M. NASA Glenn Propulsion Systems Lab: 2012 inaugural ice crystal cloud calibration［C］. Atlanta: 6th AIAA Atmospheric and Space Environments Conference, 2014.

［23］　Tsao J C, Struk P M, Oliver M J. Possible mechanisms for turbofan engine ice crystal icing at high altitude［C］. Reston: 6th AIAA Atmospheric and Space Environments Conference, 2014.

［24］　Struk P M, Tsao J C, Bartkus T. Plans and preliminary results of fundemental studies of ice crystal icing physics in NASA Propulsion Systems Laboratory［C］. Washington: 8th AIAA Atmospheric and Space Environments Conference, 2016.

［25］　Bartkus T P, Struk P M, Tsao J C, et al. Numerical analysis of mixed-phase icing cloud simulations in the NASA Propulsion Systems Laboratory［R］. AIAA 2016−3739, 2016.

［26］　Struk P M, Bartkus T P, Bencic T J, et al. An initial study of the fundamentals of ice crystal icing physics in the NASA Propulsion Systems Laboratory［R］. AIAA 2017−4242, 2017.

［27］　Wright W B, Jorgenson P C E, Veres J P. Mixed phase modeling in GlennICE with application to engine icing［C］. Toronto: AIAA Atmospheric and Space Environments Conference, 2010.

［28］　Currie T C, Fuleki D, Mahallati A. Experimental studies of mixed-phase sticking efficiency for ice crystal accretion in jet engines［C］. Atlanta: 6th AIAA Atmospheric and Space Environments Conference, 2014.

［29］　Villedieu P, Trontin P, Chauvin R. Glaciated and mixed phase ice accretion modeling using ONERA 2D icing suite［C］. Atlanta: 6th AIAA Atmospheric and Space Environments Conference, 2014.

［30］　Wright W, Struk P, Bartkus T P, et al. Recent advances in the LEWICE icing model［C］. Prague: SAE 2015 International Conference on Icing of Aircraft, Engines, and Structures, 2015.

［31］　Chen R C, Struk P, Ratvasky T. Cloud uniformity measurement from NASA's 2nd Fundamental Ice Crystal Icing Test Part 1 (Water Content &PSD)［R］. AIAA Aviation 2020 Forum, 2020.

［32］　Agui J H, von Hardenberg P, Chen R U, et al. Cloud uniformity measurement from NASA's 2nd Fundamental Ice Crystal Icing Test - Part 2 (Temperature & Humidity)［R］. AIAA Aviation 2020 Forum, 2020.

［33］　Baumert A, Bansmer S, Trontin P, et al. Experimental and numerical investigation on aircraft icing at mixed phase conditions［J］. International Journal of Heat and Mass Transfer, 2018, 123: 957−978.

［34］　Connolly J, Choi M, Yang X, et al. Ice crystal accretion experiments in a combined linear cascade and swan neck duct［R］. AIAA Aviation 2020 Forum, 2020.

［35］　Currie T C, Fuleki D, Knezevici D C, et al. Altitude scaling of ice crystal accretion［R］. AIAA 2013−2677, 2013.

［36］　Currie T C, Fuleki D. Experimental results for ice crystal icing on hemispherical and double wedge geometries at varying Mach numbers and wet bulb temperatures［R］. AIAA 2016−3740, 2016.

［37］　Struk P M, King M C, Bartkus T P, et al. Ice crystal icing physics study using NACA0012 airfoil at the National Research Council of Canada Research altitude test facility［R］. AIAA 2018−4224, 2018.

［38］ Bartkus T P, Struk P M, Tsao J C. Comparisons of mixed-phase icing cloud simulations with experiments conducted at the NASA Propulsion Systems Laboratory［C］. Denver：9th AIAA Atmospheric and Space Environments Conference, 2017.

［39］ Feier I. Numerical investigation of the NASA Glenn Propulsion Systems Laboratory［C］. Minneapolis：SAE 2019 International Conference on Icing of Aircraft, Engines, and Structures, 2019.

［40］ Bartkus T P, Struk P M. Comparisons of CFD simulations of icing wind tunnel clouds with experiments conducted at the NASA Propulsion Systems Laboratory［R］. AIAA Aviation 2020 Forum, 2020.

［41］ Bidwell C. Ice particle transport analysis with phase change for the E3 turbofan engine using LEWICE3D Version 3.2［C］. New Orleans：4th AIAA Atmospheric and Space Environments Conference, 2012.

［42］ Bartkus T P, Struk P M, Tsao J C. Evaluation of a thermodynamic ice crystal icing model using experimental ice accretion data［C］. Atlanta：2018 Atmospheric and Space Environments Conference, 2018.

［43］ Bartkus T P, Tsao J C, Struk P M. Analysis of experimental ice accretion data and assessment of a thermodynamic model during ice crystal icing［R］. SAE 2019 − 01 − 2016, 2019.

［44］ Currie T C. A physics-based model for predicting warm surface cool-down resulting from particle impingement in ice crystal icing［R］. AIAA Aviation 2020 Forum, 2020.

［45］ Ayan E, Özgen S, Canıbek M. Mixed phase ice accretion prediction with TAICE［C］. Washington：8th AIAA Atmospheric and Space Environments Conference, 2016.

［46］ 姜飞飞,董威,郑梅,等. 冰晶在涡扇发动机内相变换热特性［J］. 航空动力学报,2019, 34(3)：567 − 575.

［47］ 袁庆浩,樊江,白广忱. 航空发动机内部冰晶结冰研究综述［J］. 推进技术,2018,39(12)： 2641 − 2650.

［48］ Zhu P F, Zhang J C, Han B B, et al. Three-dimensional numerical simulation of ice crystal melting in jet engine［J］. Journal of Thermal Science, 2019, 28(5)：984 − 992.

［49］ Zhang L F, Liu Z X, Zhang M H. Numerical simulation of ice accretion under mixed-phase conditions［J］. Proceedings of the Institution of Mechanical Engineers, Part G. Journal of aerospace engineering, 2016, 230(G13)：2473 − 2483.

［50］ 卜雪琴,李皓,黄平,等. 二维机翼混合相结冰数值模拟［J］. 航空学报,2020,41(12)： 195 − 205.

［51］ Baumert A, Bansmer S, Sattler S, et al. Simulatating natual ice crystal cloud conditions for icing wind tunnel experiments — A review on the design, commissioning and calibration of the TU Braunschweig ice crystal generation system［C］. Washington：8th AIAA Atmospheric and Space Environments Conference, 2016.

［52］ Crowe C T, Schwarzkopf J D, Sommerfeld M, et al. Multiphase flows with droplets and particles［M］. 2nd ed. Boca Raton：CRC Press, 2012.

［53］ Sommerfeld M. Theoretical and experimental modelling of particulate flows, overview and fundamentals-Part Ⅰ and Ⅱ, Lecture Series 2000 − 06［R］. von Karman Institute for Fluid Dynamics, 2000.

[54] Nilamdeen S, Habashi W G, Aube M S, et al. FENSAP-ICE: Modeling of water droplets and ice crystals[R]. AIAA 2009 – 4128, 2009.

[55] Happel J, Brenner H. Low-Reynolds number hydrodynamics[M]. Upper Saddle River: Prentice Hall, 1965.

[56] Villedieu P, Trontin P, Chauvin R. Glaciated and mixed-phase ice accretion modeling using ONERA 2D icing suite[C]. Atlanta: 6th AIAA Atmospheric and Space Environments Conference, 2014.

[57] Incropera F, DeWitt D. Fundamentals of heat and mass transfer[M]. New York: John Wiley & Sons, 1996.

[58] 裘燮纲,韩凤华.飞机防冰系统[M].北京:航空专业教材编审组,1985.

[59] Al-Khalil K. Assessment of effects of mixed-phase icing conditions on thermal ice protection systems[R]. Department of Transportation, Federal Aviation Administration, DOT/FAA/AR – 03/48, 2003.

[60] Nilamdeen S, Habashi W G. Multiphase approach toward simulating ice crystal ingestion in jet engines[J]. Journal of Propulsion and Power, 2011,27(5): 959 – 969.

第 7 章
民航飞机发动机结冰的适航审定

    民航飞机所安装的发动机包括涡轮风扇发动机、涡轮喷气发动机、涡轮螺旋桨发动机、活塞发动机等。在我国航线运营中最为常见的是大涵道比涡轮风扇发动机。安装涡轮风扇发动机的飞机飞行速度较高、载客量较大、舒适性和经济性较好。世界上拥有自主知识产权民航客机型号的国家是屈指可数的。我国的大型客机已翱翔在祖国的蓝天之上。本章将重点对安装涡轮风扇发动机(以下简称涡扇发动机)的运输类飞机动力装置系统防冰的审定要求和符合性验证方法进行阐述。

    一款新型号的民航客机要投入商业运营,首先必须取得适航当局颁发的型号合格证(Type Certificate, TC)。适航当局按照中国民用航空规章(Chinese Civil Aviation Regulations, CCAR)对飞机型号设计进行合格审定。在我国,适用于运输类飞机的民航规章为:《运输类飞机适航标准》(CCAR - 25)。另外还有适用于正常类、实用类、特技类和通勤类飞机和旋翼机等的民航规章。同时,航空发动机和螺旋桨这两类特殊的航空部件也具有自己的型号合格证,适用于涡扇发动机的民航规章为:《航空发动机适航规定》(CCAR - 33)。CCAR - 33 主要给出的是发动机本体的适航要求,与发动机结冰直接相关的条款包括 33.68 进气系统的结冰和33.77 吞冰试验。CCAR - 25 给出的是发动机安装方面的要求,与发动机结冰相关的条款是 25.1093 和 25.1419,其中 25.1093 条款是专门针对动力装置进气系统防冰的要求。

    本书前文论述了结冰基本概念、计算方法、三维数值模拟程序、冰风洞试验、冰晶结冰等,并以发动机旋转帽罩为例讨论了冰风洞试验的相似准则。这些都是研究发动机结冰的基础条件,对于满足航空规章要求来说,都是必不可少的。在这些技术研究的基础之上,飞机和发动机厂家还必须进行整机级的分析和在能够代表产品构型的原型机上演示地面或飞行试验才能充分验证对规章要求的符合性。以下章节将对这些发动机结冰相关条款的要求进行论述,需要说明的是,对于"动力装置""推进系统"和"发动机"这些名词,本书均有使用,但不做特殊区别。部分原因是规章制定之初即有这些名词,出于遵循规章原文的目的,不做专门更改;另一部分原因是在飞机和发动机结冰研究方面,这些名词通常不会产生歧义和困扰。

7.1　CCAR - 33 相关条款的要求及演变

7.1.1　CCAR - 33.68

第 33.68 条　进气系统的结冰

在所有防冰系统工作时,每型发动机必须满足下列要求:

(a) 在航空规章第 25 部附录 C 中规定的连续最大或间断最大结冰状态下,发动机在其整个飞行功率范围(包括慢车)内的工作中,在发动机部件上不应出现影响发动机工作或引起功率或推力严重损失的结冰情况。

(b) 在临界状态进行引气防冰时,地面慢车 30 分钟,不出现不利影响,此时大气的温度在 -9℃ ~ -1℃ 之间(15℉ ~ 30℉ 之间),每立方米含液态水不少于 0.3 克并且以平均有效直径不小于 20 微米的水珠形式存在,接着发动机以起飞功率或推力进行短暂的运转。在 30 分钟慢车运转期间,该发动机可以以中国民用航空局接受的方式周期性地加速运转到中等功率或推力调定值。

该条款的目的在于表明发动机在结冰条件下可以正常运行。在 FAA 规章中最初于 1974 年 10 月通过 FAR 33 - 6 修正案在 FAR - 33 中提出,后经过 33 - 10 修正案进行了修订。CCAR - 33.68(R2) 的内容与 FAR 33 - 10 修正案一致。2018 年,FAR 33 - 34 修正案再次对 33.68 条款进行了修订,增加了过冷大水滴和冰晶结冰相关的要求,但是 CCAR - 33 未进行相应修订。

FAR 33 - 6 修正案(1974 年 10 月)新增加 33.68 条,a)款与当前的 CCAR - 33.68 a)一致;b)款内容如下:"在临界状态进行引气防冰时,地面慢车 30 分钟,不出现不利影响,此时大气的温度为 29F°,每立方米含液态水 0.6 克并且以平均有效直径 40 微米的水珠形式存在,接着发动机以起飞功率或推力进行短暂的运转。"显然,这样的条款要求(对于环境温度、液态水含量及水珠大小的规定都没有允许一定的容差)给申请人的验证工作带来较大困难,因此,FAR 33 - 10 修正案(1984 年 3 月)将 b)款进行了修订,内容与当前的 CCAR - 33.68(b)一致。

FAR 33 - 34 修正案(2014 年 11 月)对 33.68 条款进行了较大改动。(a)款在 25 部附录 C 之外,增加了 25 部附录 O 和 33 部附录 D 的要求;同时扩展了结冰对发动机影响的具体情况,在"不应出现影响发动机工作或引起功率或推力严重损失的结冰情况"的基础之上,补充了发动机上冰积聚不能导致以下情况:发动机运行温度出现不可接受的升高,不可接受的暂时功率损失或者发动机损坏、失速、喘振、熄火或者丧失发动机控制,并要求申请人在进行 CPA 分析或者验证飞行条件的试验中必须考虑飞行中的冲压效应。(b)款被拆分成了(b)、(c)、(d)款,将原来仅地面冻雾试验要求扩展至包括过冷大水滴、混合相和冰晶结冰条件下的验证,验证方法包括分析、试验或者二者相结合。具体的试验要求在 7.3.3 节中有进一步的阐述。CCAR - 33(R2)尚未纳入相关修订。

7.1.2 CCAR - 33.77

第33.77条 外物吸入—冰

[(a)备用]

[(b)备用]

(c)在本条(e)的条件下吸冰时不得出现以下情况:

(1)引起持续功率或推力损失;

(2)要求发动机停车。

(d)对于采用防护装置的发动机,如果能证明符合下列各项要求,则无需验证在本条(e)规定的条件下外来物吸入是否符合本条规定:

(1)该外来物的尺寸大到使它不能通过该防护装置;

(2)该防护装置将能经受该外来物的撞击;

(3)被防护装置阻挡的该外来物或若干外来物不会阻碍空气流入发动机,从而造成数值超过本条(c)所要求的功率或推力减少。

(e)在下列吸入条件下,必须通过发动机试验证明符合本条(c)款的要求:

(1)冰的数量应是由于滞后2分钟开启防冰系统而在典型的进气道整流罩和发动机正面积聚的最多数量的冰;或者使用质量和厚度与该发动机的尺寸可比拟的一块冰;

(2)吸冰速度应能模拟被吸入发动机进气道的冰块的速度;

(3)发动机应工作在最大巡航功率或推力状态;

(4)吸冰试验应能模拟在-4℃(25℉)时遇到的最大连续结冰条件。

该条款的目的在于表明发动机在吸入运行中可能出现的脱落冰后可以正常运行。在FAA规章中该条款最初于1974年10月通过FAR 33 - 6修正案在FAR - 33中提出,后经过FAR 33 - 10、33 - 19、33 - 20修正案进行了修订。CCAR - 33.77(R2)的内容与FAR 33 - 20修正案一致。2018年,FAR 33 - 34修正案再次对33.77条款进行了修订,增加了过冷大水滴和冰晶结冰相关的要求,但是CCAR - 33未进行相应修订。

FAR 33 - 6修正案(1974年10月)新增加33.77条,名称为"外物吸入",内容涵盖吸鸟、吸雨、吸雹、吸冰以及吸入轮胎碎片、转子叶片碎片、砾石和沙子混合物等外物的相关要求。至1984年3月,FAR 33 - 10修正案删除了对轮胎碎片、砾石和沙子混合物吸入的要求,同时将非包容性转子碎片相关要求移出,新增33.94"非包容叶片和转子不平衡试验";至1998年4月,FAR 33 - 19修正案将吸雨和吸雹相关要求移出,新增33.78"吸雨和吸雹";至2000年12月,FAR 33 - 20修正案将33.77条款进一步拆分为33.76"外物吸入-鸟"和33.77"外物吸入-冰"两个条款。本章主要讨论动力装置防冰相关内容,因此,将省略吸鸟、吸雨和吸雹等相关要求的规章修订情况介绍,感兴趣的读者可以参考相关的修正案内容。

FAR 33-6 修正案(1974 年 10 月)中关于吸冰的要求为: 在表 7-1 条件下吸冰时不得引起持续功率或推力损失或要求发动机停车。

表 7-1　外物吸入的具体条件

外　物	冰 的 数 量	外物速度	发动机状态	吸　入
冰	由于滞后 30 秒开启防冰系统而在典型的进气道整流罩和发动机正面积聚的最多数量的冰	吸入	最大巡航推力	模拟遭遇最大间断结冰条件(25℉)

FAR 33-10 修正案(1984 年 3 月)将吸冰试验冰的数量方面"滞后 30 秒开启防冰系统"的要求改为了"由于滞后 2 分钟开启防冰系统而在典型的进气道整流罩和发动机正面积聚的最多数量的冰,或者使用质量和厚度与该发动机的尺寸可比拟的一块冰";将吸冰"模拟遭遇最大间断结冰条件(25℉)"改为了"模拟遭遇最大连续结冰条件(25℉)"。该修订使得申请人吸冰试验时可以使用质量和厚度具有可与试验发动机尺寸比拟的替代冰块。

FAR 33-19 修正案(1998 年 4 月)未对吸冰相关要求进行修订。

FAR 33-20 修正案(2000 年 12 月)将 33.77 条款修订为专门的"外物吸入-冰",内容没有实质性变化,见上述 CCAR-33.77 条款原文。

FAR 33-34 修正案(2014 年 11 月)对 33.77 条款进行了较大改动。原空白的(a)款改为对符合性方法的规定,明确说明可通过发动机吸冰试验表明符合性,或通过经验证的软体损伤容限分析方法等效表明符合性。(c)(1)将不能引起"持续功率损失或推力损失"完善为不能引起"立即的或最终不可接受的"持续功率损失或推力损失。(e)款将发动机吸冰试验的冰块尺寸做了细化规定,按发动机唇口面积查表和/或差值。CCAR-33(R2)尚未纳入相关修订。

7.2　25 部相关条款的要求及演变

7.2.1　CCAR-25.1093

CCAR-25.1093(动力装置)进气系统的防冰

(a)活塞发动机　活塞发动机的进气系统必须有防冰和除冰措施。除非用其他方法来满足上述要求,否则必须表明,在温度为-1.1℃(30℉)的无可见水汽的空气中,每架装有高空发动机的飞机,均符合下列规定:

(1)采用普通文氏管式汽化器时,装有预热器,能在发动机以 60%最大连续功率运转情况下提供67℃（120℉）的温升；

（2）采用可减少结冰概率的汽化器时，装有预热器，能在发动机以60%最大连续功率运转情况下提供56℃（100℉）的温升。

（b）涡轮发动机

（1）每台涡轮发动机必须能在下列条件下在其整个飞行功率（推力）范围（包括慢车）工作，而发动机、进气系统部件或飞机机体部件上没有不利于发动机运转或引起功率或推力严重损失的冰积聚：

（i）附录C规定的结冰条件；

（ii）为飞机作该类营运所制定的使用限制内的降雪和扬雪情况。

（2）每台涡轮发动机必须在温度−9～−1℃（15～30℉）、液态水含量不小于0.3克/米³、水呈水滴状态（其平均有效直径不小于20微米）的大气条件下，进行地面慢车运转30分钟，此时可供发动机防冰用的引气处于其临界状态，而无不利影响，随后发动机以起飞功率（推力）作短暂运转。在上述30分钟慢车运转期间，发动机可以按适航当局可接受的方式间歇地加大转速到中等功率（推力）。

（c）增压式活塞发动机   每台装有增压器（对进入汽化器之前的空气进行增压）的活塞发动机，在判断符合本条（a）的规定时，在任何高度上均可利用由此增压所产生的空气温升，只要所利用的温升是在有关的高度和运转条件下因增压而自动获得的。

该条款目的在于表明发动机、进气道/进气系统及其部件或飞机机体部件上不会由于积聚冰而对发动机运转产生不利影响或导致严重的功率或推力损失。在FAA规章中该条款最初于1965年在FAR−25中提出，后经过25−36、25−38、25−40、25−57、25−72修正案进行了修订。CCAR−25.1093（R4）的内容与FAR 25−72修正案一致。2018年，FAR 25−140修正案再次对25.1093条款进行了修订，增加了冰晶结冰相关的要求，但是CCAR未进行相应修订。

FAR 25−36修正案（1974年10月）提出发动机慢车时防冰能力的要求，以及降雪和扬雪条件下的保护措施。另外，原25.1093中对指示器的要求移到25.1305中（包括了所有动力装置仪表规定）。有评论反对降雪和扬雪条件下的要求，因为没有标准规定降雪量、降雪强度和扬雪的程度，也没有提供统一的符合性方法，少量甚至极少量的降雪也可能满足条款的字面要求，也有评论提供了可以采纳的详细标准，但是FAA认为增加该要求的目的并不是要在规章中规范所有可能的情况，而是要求申请人选择适用于其飞机的限制条件，然后在这些限制条件下证明飞机的性能。另有评论认为：规定2 g/m³的水含量不能代表实际情况，并且这会导致地面运行要求比飞行要求更为严格。附议的评论建议：慢车运行的防冰要求应该适用于"地面"状态，而不是海平面状态。FAA评估后同意将含水量减少0.6 g/m³，这样就能够在地面慢车状态下对防冰保护提供充分而安全的标准。另有评论反对在慢车状态下进行 30 分钟防冰保护的要求,因为该时间段没有足够的引气来充分满足该条款的要求。但是,FAA 指出经验已证明该方法对飞行安全来说是实用和必要的,并且在起飞前的持续慢车过程中发动机的防冰保护是必不可少的。该要求不限制使用发动机引气防冰保护的措施,并且允许申请人采取任何适当的方法或几种方法的组合。关于引气,该要求的目的是在临界引气条件下能够提供防冰保护。

FAR 25-38 修正案(1976 年 12 月)主要修订了活塞发动机相关要求,未修订涡轮发动机相关内容。

FAR 25-40 修正案(1977 年 3 月)提出考虑进气系统部件在批准的飞行包线内可能积聚的冰和雪。无论飞机是否批准在结冰条件下运行,涡轮发动机引气系统都要满足该条款要求。因为飞机会意外进入难以预料的结冰状态,此时由于机身上的冰积聚引起的任何麻烦,不能因发动机结冰造成推力减小而导致事态恶化。FAR 25-40 曾出现过文字错误:"在规定的飞机限制内"被理解为可以用运行限制代替表明结冰条件下发动机安全运行的能力。之后 FAA 将"在规定的飞机限制内"明确仅针对降雪条件下的运行。

FAR 25-72 修正案(1990 年 7 月)提出需评估机体任何可能积聚冰雪、脱落后可能被吸入发动机的部分。该修正案的出台是因为发生了几起由于机体表面(如雷达罩、机翼、机身等)的冰雪脱落后造成发动机熄火和(或)损坏的事故。

FAR 25-140 修正案(2014 年 11 月)对 25.1093(b)进行了较大改动。(b)(1)增加了 25 部附录 O 和 33 部附录 D 的要求;同时扩展了结冰对发动机影响的具体情况,在"没有不利于发动机运转或引起功率或推力严重损失的冰积聚"的基础之上,补充了发动机、进气系统部件或飞机机体部件上冰积聚不能导致以下情况:发动机运行温度出现不可接受的升高;飞机/发动机不兼容;不可接受的暂时功率损失或者发动机损坏;失速、喘振、熄火或者丧失发动机控制。(b)(2)对地面结冰条件重新进行了规定,并且明确了 25.1521 条需考虑的内容。(b)(3)对附录 O 的适用范围进行了规定,明确附录 O 仅适用于最大起飞重量小于 60 000 磅①的飞机;对于最大起飞重量大于等于 60 000 磅的飞机,适用附录 C 和 33 部附录 D 中规定的结冰条件,以及飞机使用限制内的降雪和扬雪情况。CCAR-25(R4)尚未纳入相关修订。

需要特别强调的是,无论飞机审定是否有防冰要求,25.1093 的要求都是适用的。也就是说即使飞机型号申请人不申请在结冰条件下运行的审定(25.1419 不适用),动力装置安装也必须符合 25.1093 的要求。这是因为发动机对于结冰非常敏感,航线运营时,发动机防冰的使用频率要远高于机翼防冰。工业界普遍使用可见湿气和环境温度低于 10℃ 标准来提前开启发动机防冰,而非等到观察到结冰再

---

①　1 磅(lb)= 0.453 592 千克(kg)。

开启发动机防冰,延迟打开发动机防冰可能造成发动机损伤甚至熄火。未通告的丧失双侧短舱防冰是灾难级的失效状态,因此发动机防冰系统的重要性不言而喻。

规章条文虽然严谨,但是不能面面俱到地给出具体指导,在型号验证过程中,总有不同理解,以下内容是适航当局以通用问题纪要的形式对飞机制造商的指导,读者可以从中进一步了解动力装置防冰设计和适航要求的发展历程。

自从 FAR 25 - 36 修正案以来就要求发动机在慢车功率下具备防冰保护。开始,许多飞机制造商为了符合该要求对打开发动机防冰时的飞行慢车重新做了定义,要求飞行员在打开发动机短舱防冰时,将油门杆推到能给防冰系统提供适当引气量的较高发动机慢车转速。其后发生了多起由于飞行员油门杆操作不当所致的单台或多台发动机功率(推力)丧失事故,因而局方要求发动机防冰系统应能在飞行员打开发动机防冰系统(结冰条件下)后自动工作。由此看来,25.1093(b)(1)中"发动机在其整个飞行功率(推力)范围(包括慢车)工作"是指在油门杆处于慢车止动位时发动机必须能够防冰。20 世纪 70 年代末以后取证的飞机,大多具有能在开启短舱防冰系统后自动增加发动机功率或推力的设计特征。

"机体部件"是指其上所积聚的冰能够被发动机吸入的那部分机体。飞机进入结冰条件后,在机翼(前缘和后流冰)、机身、雷达罩、天线等部件上可能会结冰,飞机制造商应评估这些积聚冰与发动机的相对位置。如果不能够表明机身在附录 C 的所有结冰状态下不结冰,那么飞机制造商需要对比机身上可能积聚冰的最大尺寸与 33 部发动机吞冰试验所采用冰块的大小。FAR 25 - 72 修正案详细阐述了机身部件的定义。历史上出现过多起冰脱落导致的多台发动机损坏的事件,虽然一些事件是由于发动机防冰系统延迟开启所致,但是更多的是由于冰块从发动机进气道整流罩之外的结冰位置脱落所致。

对于尾吊发动机飞机,在飞机着陆后以及在地面期间,当飞机暴露在环境温度为冰点以上的潮湿大气中时(例如,雾、降雨,以及湿空气的冷凝状态),如果冷浸透的燃油(由于飞机长时间在高空飞行)仍然与燃油箱上表面接触,使得机翼上表面温度低于周围环境温度,此时潮湿大气遇到机翼表面,可能会形成透明冰。该透明冰不易被发现,而如果在起飞期间存在结冰但没有被检查到,那么起飞后在机翼上翘时,结冰就很可能会脱落。尾吊发动机的飞机,在起飞期间两侧机翼都发生脱冰已经造成过双发冰吸入损伤和功率损失。因此,对于尾吊发动机飞机,机翼内侧应作为发动机进气系统的一部分来对待。一般有下列两种符合性方法:

(1)表明在发动机慢车状态下,机翼内侧无论形成什么形式的冰(包括后流冰),要么脱落下来不会进入发动机,要么破碎成足够小的冰块从而不会导致发动机损坏或推力丧失;

(2)表明在发动机慢车状态下,机翼内侧防冰系统为全蒸发式(这样会有极少或没有后流冰)。

在一些飞机构型中,只有当飞机机翼攻角较大时机翼结冰会脱落进入发动机。另外,机身防冰系统和发动机防冰系统的操作程序差异很大(如防冰与除冰系统),进一步增加了临界状态定义的复杂性。一般来说,当存在可视水汽且大气总温小于等于 10℃时,开启发动机防冰系统。发动机防冰目的是防止进气道上的冰积聚。开启机身(主要指机翼)防冰或除冰的操作程序可能与开启发动机防冰系统程序不同。这样在机身防冰打开后,或者由于防冰打开程序上的不同导致机翼上的冰无意间脱落至发动机中。

总结以上内容,飞机在所有发动机功率(推力)范围内必须满足 25.1093(b)(1)的要求,包括飞行慢车,此时油门杆处于最小止动位。附录 C 的水平延伸因子和可能的飞机运行暴露阶段(如等待、爬升或下降)也应考虑这些最小功率的结冰暴露时间。在飞行慢车状态下,暴露时间取决于飞机下降剖面的最临界情况,即:双发在慢车状态,结冰暴露时间最长。以上分析必须考虑其上结冰可能被发动机吸入的任何机体部分,并需要重点强调应将机翼内侧等同于发动机进气系统来表明符合性。

符合 25.1093(b)(1)(i)的要求,即 25 部附录 C 的结冰包线,必须要提供充分防冰和除冰程序,并且对飞机、发动机和允许发动机进入结冰状态的飞行慢车限制提供充分的结冰条件指示。服役经验必须表明未发生发动机核心机结冰事件(曾在某些型号发动机上发生过)导致发动机运行故障或发动机性能降低。

结冰条件存在于地面、起飞或飞行过程中大气总温不大于 10℃,且出现任何形态的可见水汽(如可见度不大于 1 英里①的云和雾,雨、雪、雨夹雪和冰晶)时。结冰条件也存在于地面与起飞过程中大气总温不大于 10℃,飞机在有雪、冰、水或者泥浆的停机坪、滑行道或跑道上行驶时,雪、冰、水或者泥浆会吸入发动机,或冻结在发动机、短舱或发动机传感器上。

关于风扇冰脱落试验和地面冻雾试验,曾有以下指导,供读者参考。

1) 风扇冰脱落试验

由于飞行试验和服役中发生了多起由于自然结冰导致的多台发动机损坏或工作异常的事件,适航当局要求,在表明 25.1093(b)(1)的符合性时,必须考虑遭遇自然结冰状态。遭遇自然结冰试验除了可以验证发动机进气道结冰分析模型外,还可以解决一些其他关键问题,包括:

(i) 在结冰条件下运行时,机组操作程序的充分性;

(ii) 在各种不同的飞行条件下,当发动机风扇冰脱落时,飞机带给飞行员的触觉感受可接受;

(iii) 发动机振动指示系统和其他发动机指示系统的性能;

(iv) 确定发动机、进气道、防冰系统等动力装置安装作为一个整体在结冰条

---

① 1 英里(mile)= 1.609 344 千米(km)。

件下运行良好。

申请人应给出遭遇自然结冰的符合性准则,并在试验前经局方批准。通常,合理的试验程序中应包括三次风扇冰脱落(短舱防冰打开),分别处于下降(飞行慢车)、等待(保持水平飞行所需推力)及最大爬升状态,除非存在更临界的发动机推力状态。这些遭遇结冰试验应在发动机稳态推力下进行,虽然不推荐,但是有时飞机需要多次穿过同一片云,以使风扇上积聚足以脱落的冰。风扇冰脱落周期应当是由自然冰积聚所决定,而不是由油门杆操作所致。而且在每个风扇冰脱落循环之间也允许飞机从结冰状态飞出,这样可以清除其他所有未防护的飞机表面的结冰。最后,根据过去的经验,在进行自然结冰试验之前,建议申请人与局方关于发动机损伤原则达成一致。

2) 地面冻雾试验

对于 25.1093(b)(2) 中有关地面冻雾的要求,鉴于未安装的发动机应已经满足了 33.68(b) 的地面冻雾要求,所以对于安装的发动机要满足的 25.1093(b)(2) 中有关地面冻雾要求,应评估发动机短舱防冰系统的性能。此外,为符合 33.68(b) 要求而确定的发动机推力增大及相关的时间间隔,例如,每 10 分钟发动机推力增加到 45%N1,必须也作为飞机飞行手册(aircraft flight manuel, AFM)中发动机地面运行的限制。

7.2.2   CCAR - 25.1419

CCAR - 25.1419 防冰

如果申请结冰条件下的飞行验证,飞机必须能在附录 C 确定的连续和间断的最大结冰状态下安全运行。为确认这一点:

(a) 必须通过分析确认,飞机在各种运行形态下其各种部件的防冰是足够的;

(b) 为了验证防冰分析结果,检验各种结冰异常情况,演示防冰系统及其部件的有效性,必须对飞机或其部件在各种运行形态和经测定的自然大气结冰条件下进行飞行试验,而且在必要时,还应采用下列一种或几种方法进行验证:

(1) 对部件或部件的模型进行实验室干燥空气试验或模拟结冰试验,或两者的组合;

(2) 对整个防冰系统或单独对系统部件在干燥空气中进行飞行试验;

(3) 对飞机或飞机部件在测定的模拟结冰条件下进行飞行试验。

(c) 当防冰或除冰系统的功能不正常时,必须有琥珀色戒备灯或等效的戒备信息向机组报警;

(d) 对涡轮发动机飞机,本条的防冰规定可视为主要适用于机体。至于动力装置的安装,可以认为本部 E 分部中的某些附加规定是适用的。

该条款是对飞机防冰的要求。在 FAA 规章中该条款最初于 1965 年在 FAR -

25 中提出,后经过 25 - 23、25 - 72、25 - 121、25 - 129 修正案进行了修订。CCAR -
25.1419(R4)的内容与 FAR 25 - 129 修正案一致。2018 年,FAR 25 - 140 修正案
再次对 25.1419 条款进行了修订,增加了过冷大水滴和冰晶结冰相关的要求,但是
CCAR 未进行相应修订。

　　FAR 25 - 23 修正案(1970 年 5 月)要求飞机或飞机部件在经测定的自然大气
结冰条件下进行飞行试验,以表明结冰保护系统及其部件的有效性。在该修正案
之前,自然结冰条件下的飞行试验是一种可接受的符合性方法,但不是强制的。

　　FAR 25 - 72 修正案(1990 年 7 月)重新编辑了 25.1419 的子条款并插入了新
的(c)款,该款要求在防冰或除冰系统工作不正常的时候提供告警信息。此前,确
定气动除冰套系统功能是否正常的措施是在 25.1416 中规定的,为了允许"静暗驾
驶舱"的概念,删除了 25.1416。

　　FAR 25 - 121 修正案(2007 年 10 月)对结冰条件下飞机应具有的性能和操稳
品质提出了一系列全面的要求,确保在结冰条件下,飞机在各飞行阶段和所有飞机
构型下,飞机的最小机动速度都有足够的机动裕度。

　　FAR 25 - 129 修正案(2009 年 8 月)对结冰探测方式和结冰保护系统工作方式
提出了明确要求。

　　FAR 25 - 140 修正案(2014 年 11 月)对 25.1419 条款本身没有修订,但是增加
了 25.1420"过冷大水滴结冰条件"。25.1420 适用于最大起飞重量小于 60 000 磅
或者安装有可逆飞行控制操作器件的飞机,作为 25.1419 条款的补充要求,并给出
了符合性验证方法的具体规定。CCAR - 25 - R4 尚未纳入相关修订。

　　需说明的是,以上 7.1 节和 7.2 节关于 FAA 33 - 34、25 - 140 修正案的解读部
分(尤其是对 FAA 条款原文的翻译)仅为作者个人理解后的翻译和解释,如与之后
CAAC 修订的规章有出入,应以 CAAC 修订版本为准。另外,本章未将欧洲航空安
全局(European Aviation Safety Agency,EASA)的适航标准作为对比分析的内容,但
是这里需要指出,EASA 在 FAA 之后也增加了过冷大水滴、混合相和冰晶结冰条件
下的飞机和发动机合格审定要求,其与 FAA 的主要差异是对于过冷大水滴结冰条
件,EASA 未提出仅适用于最大起飞重量小于 60 000 磅的飞机,也就是说所有申请
在结冰条件下运行的运输类飞机都必须满足过冷大水滴的相关要求[1]。

7.3　符合性验证方法

　　如前所述,动力装置防冰在 CCAR - 33 和 CCAR - 25 中都有要求。通常,发动
机制造商需进行关键点分析(critical points analysis, CPA)、发动机地面台架结冰试
验(33.68)、发动机吸冰试验(33.77)。飞机制造商应进行短舱防冰计算分析、短
舱防冰风洞试验、发动机地面冻雾试验、干空气短舱防冰地面/飞行试验、自然结冰

短舱防冰飞行试验、风扇冰脱落飞行试验等。

　　发动机必须安装在飞机上才能实现其产品价值,所以,发动机在设计、验证过程中应考虑预期装机环境,如果没有确定的飞机型号,则应给出装机假设。

7.3.1　计算分析

1. 关键点分析(CPA)

　　CPA 是申请人确定结冰条件试验点的工具,如果不做 CPA 分析,则可能需要数百个试验点才能表明相关条款的符合性。CPA 是通过收集和分析结冰对发动机性能影响的数据,以此将潜在的数百个试验点减少到为数不多的关键试验点。需要说明的是,CPA 不是为了取代试验或减少、取代标准试验点,而是通过分析来确定标准试验点之外的其他关键试验点。通过 CPA 对标准试验点的补充,局方认为可等效于覆盖所有结冰条件的充分试验的方法。

　　通常,对于每一个型号的发动机,申请人都需要进行 CPA 分析。同一个申请人所使用的 CPA 分析方法通常是相同的,但是由于每个型号发动机的设计都是独特的,因此,必须一事一议地进行分析。

　　CPA 应涵盖 CCAR - 25 附录 C 中确定的结冰条件,随着经验的积累还应有 33 部附录 D 的结冰条件。CPA 应结合以上附录和飞机飞行速度范围以及发动机制造商确定的发动机功率进行分析。CPA 还应包括在结冰环境中长时间的飞行(例如,空中保持等待阶段),或重复遭遇结冰环境的情况。结合以上要素,CPA 应识别出发动机工作中最关键的结冰条件。

　　申请人应使用试验数据来支持关键点分析。CPA 应考虑环境条件和发动机工作条件对冰积聚过程、积冰位置以及脱冰和吸冰时最临界的发动机工作条件的影响。申请人可以提出附录 C 之外状态(例如,根据实际服役经验的更为严酷的条件)。申请人也可以采用研发试验数据来支持 CPA 分析(如带热电偶的湿/干试验)。

　　CPA 应包括考虑冻结系数和冰进入进气道的气动影响的冰积聚计算。例如,吸入风扇和核心机进口的水、关键表面的水撞击率、飞机迎风空速影响、发动机构型影响(如压气机引气),以及高度影响(如涵道比的影响)。CPA 还应包括关键发动机表面的能量平衡,例如,潜热和溶解热的影响、金属与冰的换热影响,以及冰的绝热影响。

　　对于防冰部件的 CPA,申请人应通过所需热载荷的能量平衡计算,以及结冰条件和发动机功率的所有可能组合,以确定关键试验点。在明冰条件下,非气动冰形成和脱落的影响评估更加复杂。FAA 的研究报告 FAA - RD - 77 - 76《动力装置结冰技术数据的工程总结》[2]中提供了关键试验点结冰分析的附加指南。

　　对于结冰对发动机的影响方面,CPA 分析应至少评估以下内容[3]。

　　(1)脱冰损伤。如果撞击在发动机表面上的脱落冰具有足够的质量和速度,则会造成发动机损伤。下列损伤类型是较为普遍的,申请人应该在 CPA 中对这些损伤类型进行逐项评估。

　　压气机第一级(例如风扇)。风扇单元体的旋转和静止部件,或者无风扇发动机的压气机第一级容易遭受脱落冰损伤。例如,声衬、风扇刮磨带以及风扇叶尖容易遭受到进气道传感器、整流帽罩和风扇叶根的脱落冰损伤。由于发动机结冰符合性试验是在结冰试验设施中进行的,而不是在真实的飞行环境中进行,因此脱落冰的密度、硬度,以及黏附强度的影响需与真实飞行环境进行对比评估。例如,在真实飞行环境下,旋转表面(例如,风扇叶片或者无风扇发动机的第一级压气机叶片)的脱冰循环很大程度上会受到转子转速和冰与表面黏附强度的影响。冰的黏附强度通常会随着表面温度的降低而增大。脱冰时冰的厚度和转子转速决定了撞击的危害程度。目前可以得到的数据表明,非防冰旋转部件和静止部件的脱冰十分多变,难以预测。这是由黏附强度性质、局部热力学性质,以及冰结构(如坚冰)等因素的不确定性导致的。由于脱冰预测的精确度还存在着许多不确定性,在有些案例中,申请人在 CPA 中采用了经验证一致的脱落趋势而不是绝对数值。在确定风扇单元体损伤的关键条件时,表面温度、暴露时间、转速、大气结冰条件以及流量系数都是重要的考虑因素。需要特别注意的是,在温度很低的连续最大结冰条件下,发动机长时间工作在空中等待功率将使得第一级压气机转子或风扇部件上的冰黏附强度达到最大。这会导致大量的冰积聚,进而脱落造成发动机损伤或功率损失。

　　(2) 压气机损伤。当静止部件上的冰脱落时,经常会导致发动机损伤。这种类型的损伤通常发生在高压压气机的第一级叶片上(对于三转子发动机来说是中压压气机,对于传统的涡轴发动机来说是压缩系统第一级)。确定这些明冰积聚的关键条件时需要经过仔细的考虑,因为明冰积聚发生在当地马赫数和空气密度范围内,低冻结系数的条件下,该条件是特定的、有限的。申请人需评估关键条件下的发动机功率状态,包括飞行慢车、50% 和 75% 最大连续、100% 最大连续以及其他功率。最后,鉴于结冰是较为普遍的环境条件,所以申请人应评估结冰试验中可能多次遭遇结冰造成的发动机压气机损伤。

　　(3) 发动机工作特性和压气机再匹配。上游部件的脱落冰可能会进入核心机。流道内冰或者冰融化的水可能会导致发动机部件循环发生改变。发动机应能从最小飞行慢车加速到起飞功率,并且表明在任何结冰条件及地面起飞功率设定程序下,不会出现不可接受的功率损失或功率损失不稳定。冰脱落不应导致熄火、推力下降或喘振。任何发动机异常状态都应该报告局方进行评估,如果是可接受的,则该异常状态应记录在发动机安装手册中。申请人应考虑将发动机加减速对其工作特性的挑战(例如,喘振和失速)作为 CPA 的一部分。如果试验条件下允许的最小发动机引气构型使得发动机工作裕度达到最小,CPA 试验应验证那些预期工作裕度达到最小的条件。

（4）核心机和增压级结冰堵塞。申请人在 CPA 中应考虑发动机内部静子叶片通常会发生明冰积聚，进而影响空气流量并导致发动机循环的再匹配的情况。对于能够保持飞行的发动机功率，申请人应通过几个脱冰循环表明发动机冰积聚的情况。申请人应表明冰积聚和脱冰不会对发动机工作特性造成不利影响。

（5）传感器故障。控制系统传感器的积冰和堵塞会导致发动机压力和温度测量发生错误。关键的传感器包括进气道总压和总温传感器，以及压气机内部温度传感器。如果发动机控制系统使用错误的测量数据来调节发动机推力或功率，或控制其他发动机系统（例如，可调静子叶片），那么将会导致发动机功率损失或者功率损失不稳定。关键传感器的设计，应确保其在 33.68 条款及相关附录规定的条件下所积的冰最少，并且不会出现导致不可接受的工作特性（如功率损失）的错误测量。在传感器所处的局部结冰条件下，所有适用安装类型的安装影响都应加以说明。另外，上游传感器的积冰会脱落，进而导致下游旋转部件的损伤。申请人应该评估发动机进气道传感器对过冷液滴和冰晶的结冰敏感性。

2. 短舱防冰系统性能分析

CCAR-25.1419 要求，如果申请在结冰条件下运行的合格审定，飞机必须能在附录 C 定义的连续和间断最大结冰状态下安全运行。CCAR-25 附录 C 定义的连续最大和间断最大结冰条件是一个宽广的范围，而不是某一两个状态点。以间断最大结冰条件为例，它涵盖飞行高度 $0 \sim 31\,000$ ft，环境温度 $-40 \sim 0$℃，液态水含量 $0.04 \sim 2.9$ g/m³，平均有效水滴直径 $15 \sim 50$ μm 这 4 个参数的宽广变化区间。此外，相关的参数还包括飞行马赫数 $0 \sim 0.8$（甚至更高，取决于具体型号设计），发动机功率从慢车至最大起飞功率等。要想在如此大范围区间内表明符合性，只有通过计算分析的方法，才能充分表明飞机在各种运行形态下其各种部件的防冰（包括短舱防冰）是足够的。

计算分析模型必须被充分验证才能用于指导设计或表明符合性。对于新研的型号，其计算分析模型也是全新的，因此必须要对模型进行充分验证，才能提高模型置信度。一般而言，一个完整的防冰计算模型可按模块分为：外部流场及对流换热、内部流场及对流换热、外部水滴撞击蒸发及结冰、内外耦合传热等模块。每个计算模块都应得到充分的试验验证，在这几大模块之中，又以外部水滴撞击蒸发及结冰的计算最为复杂，这里涉及两相流、相变、水膜流动、水膜破裂等诸多物理现象，对于这个过程的计算模拟目前仍是国际上未完全攻克的难题，因此，对外部水滴撞击、蒸发及结冰模块尤其需要进行试验验证。对计算模型进行分模块验证的好处是：能够从影响计算模型的众多参数中分离出主要参数，使验证活动具有针对性。例如，对于验证外部流场和对流换热模块而言，可在干空气风洞里进行，由于关注点是外部流动和换热，因此内部不一定需要真实防冰腔，而是通入一股可测定的热气即可，甚至可以用电加热代替热气。同样的，验证外部水滴撞击蒸发及结冰,也需要内部加热热流是可测量的,这样才不会因内部计算误差而影响对外部结冰计算模型的修正。

7.3.2　风洞试验

在进行发动机防冰设计时,根据型号研制的具体情况,可能需要开展风洞试验。冰风洞试验的目的是直接验证系统防冰性能是否足够或者校准防冰计算分析模型是否正确。对于较小的短舱进气道,可以直接安装在冰风洞内进行试验并直接验证系统防冰性能。但是,对于大涵道比涡扇发动机进气道,由于尺寸限制通常无法直接放在冰风洞内。这时,可以参考机翼防冰系统的冰风洞试验方法,取若干关键的截面,设计成混合缩比翼型,然后进行 2D 拉伸,从而使其可以在冰风洞内进行试验[4]。所谓 2D 拉伸是指将机翼截面沿垂直方向拉伸。模型内一般需要包括与实际发动机短舱构型一致的防冰腔和防冰供气喷管,在模型蒙皮内表面和防冰腔内部沿弦向布置热电偶,采集热电偶得到的温度数据,控制防冰喷管的供气温度和压力。由于大型涡轮风扇发动机进气道冰风洞试验通常无法模拟发动机的内流,试验条件与真实的流场有较大差异,因此,该冰风洞试验的结果通常不会直接用于表明发动机防冰系统性能的符合性,而是作为对分析方法的试验确认。

正因为大涵道比涡扇发动机进气道冰风洞试验的目的通常是收集数据校正计算模型,因此状态点的选择应该尽可能广泛和典型。在选择制定状态点时考虑以下因素:

涵盖各个不同的飞行阶段。常见的飞行阶段包括起飞、爬升、巡航、下降、等待、进近、着陆等,不同的飞行阶段所对应的飞行速度、发动机功率、飞行迎角存在不同,应至少包括起飞、等待、下降这三个典型阶段。起飞阶段飞机迎角最大、发动机推力最大,对应的短舱内部防冰加热热流也最大。45 分钟等待阶段,通常是短舱防冰最严重结冰的状态,而下降阶段发动机功率最小,短舱内部防冰加热热流最小,迎角也最小。所以这三个飞行阶段覆盖的范围较广,状态点比较典型。

涵盖附录 C 的连续最大和间断最大结冰条件。连续最大结冰条件所对应的液态水含量相对较小,但结冰时间长;间断最大结冰条件的液态水含量大,但结冰时间短。这两种结冰条件的计算分析都需要试验数据验证。

对于型号设计最严酷结冰状态点。在型号设计前期进行的短舱防冰设计校核过程中,通过分析得出的最严酷结冰状态点,也是试验必须验证的状态点。通常,对短舱防冰而言,最严酷结冰状态为 45 分钟等待。

AC20 - 147 建议的状态点。包括 45 分钟等待、2 分钟延迟开启短舱防冰、2 分钟不开短舱防冰等。2 分钟延迟考虑的是机组的反应时间,这 2 分钟之内的结冰不应对发动机产生不利影响,是将来表明系统符合性的重要内容。2 分钟不开防冰的试验,便于测量 2 分钟后的结冰量。

为验证计算模型而扩展的参数化研究状态点,即对某个飞行状态点的某个参数,如环境温度扩展至-10℃、-20℃、-30℃等不同的值,通常需要扩展的参数包括环境温度、液态水含量、水滴直径、飞机迎角等,这些参数对计算结果的影响通常比较显著。

重复性状态点。为验证试验过程中试验参数的可重复性,通常第一个试验状态点和最后一个试验状态点,试验参数应相同,希望产生相同的试验结果,以表明试验的可重复性好。

模拟各种飞行阶段的发动机防冰系统供气以及迎角等状况,包括爬升、等待、下降、单发交叉引气等情况,验证发动机防冰系统的加温能力。

7.3.3　发动机台架试验

为表明 CCAR-33.68 和 CCAR-33.77 条款的符合性,通常需要进行发动机台架试验。该试验应由发动机制造商进行,向 33 部局方表明符合性。

1. CCAR-33.68 试验

根据第 CCAR-33.68 条款要求,发动机制造商应在发动机工作包线内,采用足够的关键试验点进行符合性试验验证。关键试验点包括标准合格审定试验点和7.3.1 节 CPA 分析得出的其他关键试验点。

过去的几十年,工业界和适航部门制定了一套标准试验点,见表 7-2,并通过若干型号的全尺寸发动机试验验证了这些试验点。标准试验点旨在通过个别工况选取来部分覆盖环境条件和发动机工作状态,包括通常在高高度形成的霜冰条件和通常在低高度形成的明冰条件下,发动机从慢车到起飞功率的运行。

这些试验点可以成功应用于临界状态分析和符合性验证试验,并已经在符合性验证试验中得到了验证。

表 7-2　FAA 推荐的发动机取证试验结冰条件

结 冰 条 件	1-明冰	2-霜冰	3-地面冻雾 [CCAR-33.68(b)]
水含量/(g/m³)	≥2	≥1	≥0.3
进气总温/℉	23(±2)	-4(±4)	15~30
平均有效液滴直径/μm	22(±3)	15(±3)	≥20

在验证试验中,结冰条件 1 和 2 情况下发动机首先需要以起飞功率稳定工作至少 5 分钟,从而确定结冰前的目标推力水平,随后发动机以推荐的工作功率在结冰条件下进行试验。推荐的工作功率是飞行慢车、50%最大连续、75%最大连续、

起飞功率。每次试验至少运转 10 分钟,并在试验后加速到起飞功率。如果在 10 分钟试验后,冰积聚仍然在形成,则继续运转发动机直到积聚冰自然脱落或者发生了不可接受的发动机工作状态。

在结冰条件 3 即 CCAR - 33.68(b)规定的条件下,发动机以地面慢车状态稳定运转至少 30 分钟,然后加速到起飞功率;如果 30 分钟试验后,冰积聚仍然在形成,则继续运转发动机直到积聚冰自然脱落或者发生了不可接受的发动机工作状态。对于大涵道比涡扇发动机来说,低速运转 30 分钟甚至更长时间,静止表面上的积聚冰可能不会自然脱落,对于这样的型号设计,允许确定一个手动脱冰周期,例如每隔多少分钟可以周期性地推油门提高发动机转速使得积聚冰脱落。如果型号设计有这样的特征,则在发动机试验中确定的最长脱冰周期时间的一半应作为操作程序写入飞机飞行手册(AFM)。发动机在试验过程中,必须能够稳定地工作,包括积冰和脱冰过程。同时,冰积聚的过程也应是稳定的,可以通过安装摄像机或者通过发动机参数波动来判断没有任何冰积聚在发动机部件上,或者积聚的冰可以规律地脱落。

对于上述所有工况,当发动机在飞行慢车转速以上且带有防冰系统时,防冰系统的开启要至少延迟 2 分钟。如果防冰系统的接入由全权限电子发动机控制系统(full authority digital engine control, FADEC)自动控制,则不需要 2 分钟延迟开启防冰系统。有的飞机型号设计有结冰探测器用来探测航路上的结冰条件,如果发动机防冰系统依赖于结冰探测器,那么结冰探测器的失效会引起防冰系统延迟开启,对于这样的型号设计,申请人应该进行防冰系统延迟开启的验证。

发动机和飞机上的发动机进气系统在空中等待阶段应能够安全工作,没有时间限制。因此,涡轮风扇发动机防冰试验应包含空中等待阶段的试验点,见表 7 - 3。这些试验点用来验证发动机长时间暴露在结冰条件下的影响。试验点 1 代表了运输类飞机经常遭遇的霜冰结冰条件;试验点 2 代表了混合冰结冰条件。发动机在试验点结冰条件下运行 45 分钟,然后加速到起飞功率。

表 7 - 3　空中等待阶段试验点

| 试验点 | 大气总温/°F | | 液态水含量/(g/m³) | 平均有效水滴 |
	涡轮风扇发动机	涡轮螺旋桨发动机	最小值	直径/μm
1	−4(±4)	6(±2)	0.25	15~20
2	14(±2)	6(±2)	0.30　6 分钟* 1.70　1 分钟*	15~20 20(±3)

* 轮换两个状态,总计 45 分钟。

在进行 CCAR - 33.68 发动机结冰验证试验时,通常将模拟结冰云的设备放置于发动机进气道前方,利用工装进气道模拟真实安装在飞机上的发动机以一定的飞行速度进入结冰云的情况,主要考虑发动机进气道冲压效应,这与液滴大小、发动机风扇转速和所模拟的飞机飞行速度相关。工装进气道还需模拟真实进气道的防冰能力,以避免进气道结冰和可能发生的冰吸入,需要有专门的供气设备用来确保发动机所有功率下工作都有充足的热空气。有的型号上发动机供应商同时也是短舱供应商,发动机供应商可能使用真实装机构型的发动机短舱进行试验,这种情况下,飞机型号申请人必须提前与局方沟通协调,确定飞机型号审查局方的介入程度和介入方式,即批准试验大纲、制造符合性检查、试验目击、批准试验报告等一系列符合性验证活动的审查范围和方式。图7-1是GE发动机台架试验,有兴趣的读者可以在相关网站查看。

图 7-1　GE 发动机台架试验

(图片来源: https://www.geaviation.com/)

在上述试验过程中,发动机应该满足条款的要求,即积冰不会对发动机造成不利影响,例如,不会出现熄火、喘振、失速、振动过大等;结冰试验不应造成不可接受的机械损伤;不会产生持续的推力/功率损失;风扇转速、核心机转速、排气温度、燃油流量等参数稳定。

2014 年 11 月 FAA 发布了 25-140、33-34 联合修正案"过冷大水滴、混合相和冰晶结冰条件下的飞机和发动机合格审定要求"。对 FAR 33.68 条款进行了修订,将修订后的标准试验点、试验通过判据等纳入了条款内容,这部分内容之前是通过 AC 给出的指导。表 7-4 是新的 33.68(c)要求的发动机试验点,与之前表明 33.68 条款符合性一样,除非 CPA 分析确定其他试验点比表中试验更为严酷,否则必须验证标准试验点条件下发动机能够稳定运行。

表 7-4　发动机试验条件

试验条件	大气总温	过冷水含量最小值/(g/m³)	液滴体积直径中值/μm	持 续 时 间
1-明冰	21~25℉ (-6~-4℃)	2	25~35	(a) 10 分钟低于可维持水平飞行的功率(慢车下滑); (b) 必须演示发动机在高功率下(50%、75%、100%最大连续)重复地、稳定地运行

续　表

试验条件	大气总温	过冷水含量最小值/(g/m³)	液滴体积直径中值/μm	持续时间
2-霜冰	-10~0℉ (-23~-18℃)	1	15~25	(a) 10 分钟低于可维持水平飞行的功率(慢车下滑); (b) 必须演示发动机在高功率下(50%、75%、100% 最大连续)重复地、稳定地运行
3-明冰等待状态(涡喷、涡扇、涡桨)	涡喷、涡扇 10~18℉(-12~-8℃) 涡桨 2~10℉(-17~-12℃)	变循环:首先1.7 g/m³的液态水含量进行持续 1 分钟的试验;然后 0.3 g/m³ 的液态水含量进行持续 6 分钟的试验	20~30	必须演示发动机重复地、稳定地运行(最长 45 分钟)
4-霜冰等待状态(涡喷、涡扇、涡桨)	涡喷、涡扇 -10~0℉(-23~-18℃) 涡桨 2~10℉(-17~-12℃)	0.25	20~30	必须演示发动机重复地、稳定地运行(最长 45 分钟)

新的 33.68(d)给出了地面冻雾条件和符合性方法,见表 7-5。

表 7-5　特定结冰条件的符合性方法

结冰条件	大气总温	过冷水含量最小值/(g/m³)	液滴体积直径中值/μm	符合性方法
1-明冰	0~15℉(-18~-9℃)	液体 0.3	15~25	试验
2-霜冰	20~30℉(-7~-1℃)	液体 0.3	15~25	试验
3-雪冰	26~32℉(-3~0℃)	冰 0.9	≥100	试验、分析或二者结合
4-大液滴明冰(涡喷、涡扇、涡桨)	15~30℉(-9~-1℃)	液体 0.3	≥100	试验、分析或二者结合

新的 33.68(e)要求涡喷、涡扇、涡桨发动机通过试验、分析或二者结合的方法表明新 33 部附录 D 规定的混合相和冰晶结冰条件下,飞行功率范围内(包括慢车下滑),发动机可以正常工作。

2. CCAR-33.77 试验

吸冰试验目的是验证位于发动机前端的进气道(短舱)脱落的冰或机体脱落的冰被吸入后发动机的工作是否受到影响。

发动机制造商应与飞机制造商紧密协调以确定吸冰试验中采用的冰块的尺寸

和质量。这是因为飞机机体上的结冰也可能在飞行过程中脱落而被吸入发动机。根据发动机在飞机上安装位置的不同,飞机机体可能被发动机吸入的脱落冰的结冰位置也有不同,一般来说,不管是尾吊发动机还是翼吊发动机,位于飞机前部的雷达罩、探头(压力、迎角等)等都是潜在的冰脱落源,但是对于尾吊发动机,则还应考虑飞机的机翼内侧部分。发动机进气系统属于 CCAR - 25 审查的范畴。飞机制造商应该根据 CCAR - 25.1093 评估进气道唇口的结冰。如果在发动机取证时尚未选择飞机制造商或进气道,发动机制造商应该在发动机安装手册中提供所有相关的进气道结冰假设、试验数据与结果。

发动机型号申请人可以通过标准的发动机吸冰试验,或者通过经等效软体(通常为 33.76 条款中的中鸟)试验验证的分析模型来表明符合性。目前,已取证的大部分发动机型号均采用经发动机吸入中鸟试验验证的分析模型来表明发动机吸冰的符合性,至少包括普惠公司 PW1000、6000 系列发动机,CFM 公司 LEAP 系列发动机,GE 公司 CF34 系列发动机、GEnx 系列发动机等。由于 33 - 34 修正案发布之前,规章要求是通过发动机吸冰试验表明符合性,上述型号的发动机制造商均向适航当局申请了等效安全,具体内容可在 FAA 官方网站(https://drs.faa.gov/)已发布的等效安全中查询。

吸冰试验验证时,应模拟在 -4℃ 最大连续结冰条件下、发动机工作在最大巡航功率、短舱防冰系统延迟 2 分钟开启时典型的进气道整流罩和发动机正面积聚的最多数量的冰(包括机体脱落冰),或者使用质量和厚度与该发动机的尺寸可比拟的一块冰,吸冰速度应模拟被吸入发动机进气道的冰块速度。冰块运动轨迹应对准发动机的关键位置。申请人选择撞击位置时,应该基于预期安装在发动机上的进气系统的结冰和脱冰特性。应在最关键的撞击位置进行试验。完整的冰块应进入风扇前方自由流,对准进气道的外径,以模拟进气道脱落的冰撞击风扇外径处的情况。申请人验证时所用的冰块密度应是比重为 0.9 的最小密度,除非申请人能够证明其他密度值更为合适。

2014 年 11 月 FAA 发布了 25 - 140、33 - 34 联合修正案"过冷大水滴、混合相和冰晶结冰条件下的飞机和发动机合格审定要求"。对 33.77 条款进行了修订,给出了发动机制造商所需满足的最小吸冰尺寸,与发动机进气道面积有关,见表 7 - 6。对于其他进口面积的发动机,冰块尺寸可以线性插值计算得到。

表 7 - 6   基于发动机进气道大小的最小冰块尺寸

发动机进气道唇缘面积/in²	厚度/in	宽度/in	长度/in
0	0.25	0	3.6
80	0.25	6	3.6

发动机进气道唇缘面积/in²	厚度/in	宽度/in	长度/in
300	0.25	12	3.6
700	0.25	12	4.8
2 800	0.35	12	8.5
5 000	0.43	12	11.0
7 000	0.5	12	12.7
7 900	0.5	12	13.4
9 500	0.5	12	14.6
11 300	0.5	12	15.9
13 300	0.5	12	17.1
16 500	0.50	12	18.9
20 000	0.50	12	20.0

如果采用经中鸟试验验证的分析模型来表明符合性,发动机合格审定的冰块尺寸为按 33.77 条款发动机进气道面积对应的最小冰块尺寸。在某些情况下,中鸟试验所用的软体尺寸大于根据进气道面积确定的标准冰块尺寸,需要注意,这种情况下,发动机合格审定的冰块尺寸不能大于标准冰块尺寸。

发动机吸冰试验过程中,不应出现持续的功率损失,或者发动机停车。申请人须评估第一级叶片弯曲或损伤可能造成的持续发动机功率损失。由冰块造成叶片损伤引起的功率损失应小于 1.5%。如果采用经中鸟试验验证的分析模型来表明符合性,吸入中鸟试验结果表明永久功率损失小于 1.5%,并且在距叶尖 1/3 的叶展区域内,叶片没有发生裂纹、撕裂,或者部分丢失,则认为满足了 33.77 条款的要求。如果中鸟试验时,功率损失超过了 1.5%,则发动机制造商必须提供经验证的分析来表明分析结果与中鸟试验结果的一致性。制造商还必须验证标准冰块吸入导致的功率损失小于 1.5%。

7.3.4　地面试验

按 CCAR - 25.1093(b)(2)的要求,飞机制造商应演示地面结冰条件下的发动机工作情况。该试验的环境条件和试验程序在条款中已有明确要求,即:"温度 -9~-1℃(15~30℉)、液态水含量不小于 0.3 g/m³、水呈水滴状态(其平均有效直径不小于 20 μm)的大气条件下,进行地面慢车运转 30 分钟,此时可供发动机防冰用的引气处于其临界状态,而无不利影响,随后发动机以起飞功率(推力)作短暂运转。在上述30分钟慢车运转期间,发动机可以按适航当局可接受的方式间歇地加大转速到中等功率(推力)"。

为满足结冰气象条件下短舱防冰系统机上地面试验数据采集需要,应考虑必要的试验设备和测试改装,例如:① 发动机进气道蒙皮表面加装温度传感器,测量防护区表面温度;② 机身加装摄像装置,记录发动机进气道防护区等位置的结冰情况;③ 使用结冰条件测量装置(如雾滴谱仪),测量试验前、后发动机唇口摆放位置水雾 LWC 和 MVD 参数。

如果在地面试验中确定长时间地面运行需要制定发动机脱冰程序,例如间隔性地推大油门使发动机转速增大,那么这样的程序必须作为强制性的要求写进相关手册。

7.3.5　飞行试验

与动力装置相关的飞行试验有发动机短舱防冰干空气飞行试验、发动机短舱防冰自然结冰飞行试验、发动机风扇冰脱落飞行试验。其中短舱防冰干空气和自然结冰试验是为了验证短舱防冰性能,发动机风扇冰脱落试验是为了验证发动机在自然结冰条件下长时间飞行不会造成不可接受的发动机不利工作状态或损伤。短舱防冰自然结冰试验和风扇冰脱落试验需在自然结冰条件下进行。

1. 发动机短舱防冰干空气飞行试验

发动机短舱防冰干空气飞行试验的目的是检查短舱防冰系统正常运行状态下的功能,获得热力学相关数据,用于确认防冰腔内流、笛形管流量分配、对流换热系数等热分析仿真模型的正确性,根据需要对热分析仿真模型进行微调。同时检查引气对发动机和飞机性能的影响,确认在整个发动机功率范围内,防冰系统最大引气不会对发动机的运行造成不利的影响。对于热空气防冰系统,防冰空气流量和供气温度的测量可以用来确定系统的可用热量。通过测量数据与理论分析数据之间的比较,可以证明防冰系统可以提供足够的防冰能力。例如,干空气中测得的表面温度,可以用来推测飞行中最大可能的前缘表面温度、系统的传热特性和防冰系统的可用热能。供气温度也可以用来验证所选择的结冰保护系统的材料是合适的。对于电热防冰系统,应当监控防冰系统的电流、电压和表面温度,保证在系统上施加有足够的功率,测量获得的表面温度可以用来修正分析预测的数据。对风挡来说,应当在白天和夜晚运行时对透明表面的能见度进行评估,包括光学畸变效应,需要评估防护区域的尺寸和位置是否能提供足够的能见度,尤其是在进近和着陆阶段。

防冰系统干空气飞行试验通常包括正常飞行剖面的爬升、等待和下降阶段。试验点的选取应当覆盖不同的飞行高度,并保持一段时间使温度稳定。由于湿气的存在会影响表面的温度,因此试验应当在湿度低的地方进行。

2. 发动机自然结冰飞行试验

发动机自然结冰飞行试验的目的是验证每一台发动机都能够在其飞行功率范围内(包括慢车)安全运行,不会产生不利影响。不利影响包括发动机、进气道系统部件或者机体部件结冰对发动机运行的不利影响或者导致严重的功率或推力损失。发动机自然结冰飞行试验验证发动机进气道结冰分析模型的准确性,还需考虑自然结冰环境下的其他关键问题,包括:结冰条件下工作时,机组程序的充分性;不同条件下发动机风扇冰脱落时传递至飞机驾驶舱的机组控制指示的可接受性;发动机振动指示系统的性能,包括其他发动机指示系统;关于动力装置安装在结冰条件下能够满意运行的确认。这里动力装置安装包括发动机、进气道以及防冰系统。

飞机设计的进步使得更多的湿式设计出现,这样的设计降低了对于进气道唇口冰和后流冰的安全裕度,而对于进气道唇口冰和后流冰,则必须进行发动机吸冰危害评估。

自然结冰条件下发动机短舱防冰性能飞行试验通常在高度 22 000 ft 以内,CCAR - 25 附录 C 规定的自然结冰条件下,试验发动机分别以下降(飞行慢车)、等待(包括小重量等待)和直线飞行(巡航、改航至可用机场等)三种不同功率状态工作。试验包括最大连续结冰条件和最大间断结冰条件。直线飞行评估应按 CCAR - 25 附录 C,包括使用水平延伸因子来进行研究。如果在最大连续结冰条件,直线飞行(加因子)或等待(不加因子)时,发动机进气道全干;在最大间断结冰条件下为潮湿的,则设计是满足要求的,前提是可采取预防措施防止危险量的后流冰和唇口冰积聚。如果适用,需评估飞机气源系统对发动机引气的转换点。如果在连续的进气道表面潮湿大气条件下有结冰,申请人则应计算 45 分钟等待状态的积聚冰量。对于直线飞行,如果在最大连续结冰条件下进气道表面潮湿,则应在最大连续结冰暴露之后连接最大间断结冰条件。该状态下的后流冰加上脱落前最大的唇口冰作为可能吸入发动机的冰,基于动量的垂直分量,发动机吸入这部分冰后,不能造成比 33.77(c)吸冰试验更大的发动机损伤。

自然结冰条件下的发动机风扇冰脱落试验通常在高度 22 000 ft 以内,CCAR - 25 附录 C 规定的自然结冰条件下,试验发动机分别以下降(飞行慢车)、空中等待(在飞机总重量范围内,通过功率设置保持飞机水平飞行)、最大爬升三种不同功率状态稳定工作,同时调整非试验发动机保持飞机飞行状态。以 N1 振动值变化为主结合视频、声音及飞行员感受,分别在每种功率状态下完成三次风扇冰自然脱落循环,风扇脱冰循环应是自然结冰和脱冰循环,而不是通过操纵油门杆产生的诱导或受迫脱冰过程。

发动机风扇冰脱落飞行试验应该在发动机稳态推力下进行。试验过程中可能需要多次穿越同一个结冰云层以使风扇积聚足够的冰来形成一个脱冰循环。根据需要,在每个风扇脱冰循环之间,飞机可飞出结冰环境,以清除飞机的任何非防冰表面上的冰。申请人应确保结冰试验期间发动机点火系统处于抑制状态,避免掩盖任何不利的发动机工作状态,即拔出几个相应的断路器,以使试验发动机的自动点火或(和)恢复系统处于抑制状态。

在每次进入结冰区前,应确认发动机 N1 振动值正常。如果 N1 振动值的变化趋势无法判定是否出现风扇冰自然脱落循环,则试验发动机分别以飞行慢车、等待及最大爬升功率在每个阶段飞行相应的最长时间,在此过程中通过发动机工作是否正常来判定发动机部件没有不利于自身运转或引起功率或推力严重损失的冰积聚。

为了保证飞行试验数据的有效性,通常在自然结冰飞行试验开始前,申请人应对所有发动机进行外观(包括进气道唇口、风扇整流锥、风扇叶片和风扇机匣刮磨带)拍照或录像、对发动机增压级和高压压气机进行孔探留证,确认发动机初始损伤状态。飞行试验后,需要确认上述区域是否出现损伤,发动机损伤不应超过发动机手册中规定的程度。

如果在飞行试验中确定长时间或重复遭遇结冰条件,需要制定发动机脱冰程序,例如间隔性地推大油门使发动机转速增大,那么这样的程序必须作为强制性的要求写进相关手册并应提前与局方进行沟通,获得批准。不同于地面脱冰程序,局方通常不建议结冰条件下增加飞行操作程序的做法,理由是不应使机组成员的工作量有显著的增加,也不应引起机组成员的担忧。但是由于发动机涵道比的增大,风扇叶片尺寸也显著增加,目前多个型号的运输类飞机均在其飞行手册中明确了飞行中发动机脱冰程序。

7.4 动力装置结冰适航审定发展趋势

本书 7.1 节和 7.2 节论述了航空发动机和运输类飞机动力装置防冰相关适航规章的演变过程,可以说,自从认识到结冰条件对飞行器的影响,人类就没有停止对结冰条件下如何保证飞行安全的探索和实践。在适航规章修订方面,美国 FAA 处于世界最前沿。他们根据运行中发生的事故,研究制定相应的规章标准,以提高后续型号的安全性。以过冷大水滴、冰晶和混合相结冰修正案为例,该修正案的背景是 1994 年发生在印第安纳州 Roselawn 小镇上的一起 ATR72 飞机的飞行事故,引发了公众和政府对结冰合格审定标准充分性的担忧。美国国家运输安全委员会(National Transportation Safety Board, NTSB),在 ATR 公司、美国联邦航空局、法国民航局、法国国家民航安全调查分析局(Bureau of Equiry and Analysis of Civil Aviation Safety, BEA)、美国国家航空航天局(NASA)和其他单位的协助下对该事故开展了深入的调查。调查发现冻雾雨尺寸的水滴在机翼上表面除冰管后部和副翼前端形成了隆起的结冰。进一步的调查表明上述结冰导致了飞机的非指令滚转。基于这些调查结果,NTSB 建议对结冰合格审定要求做出调整。

在 25 部附录 C 中详细定义了合格审定的大气结冰条件。25 部及其附录 C 中所使用的"结冰包线"术语是指飞机必须能够安全飞行的结冰环境条件。而造成 Roselawn 飞行事故的大气条件(冻雾雨)不在当前运输类飞机适航要求的结冰包线范围内。冻雨是另一个不在当前结冰包线范围内的大气结冰环境。当时 FAA 还没有要求飞机制造商表明飞机在冻雾雨或冻雨环境中的安全飞行的能力。基于 Roselawn 飞行事故,FAA 接纳了 NTSB 的相关建议,委托航空规章制订咨询委员会 (Aviation Rulemaking Advisory Committee, ARAC)下属的防冰协调工作小组(Ice Protection Harmonization Working Group, IPHWG)进行了规章修订建议工作。FAA 于 2010 年 6 月 29 日发布了新规章提案(Notice of Proposed Rulemaking, NPRM), 提出在适航规章中应增加过冷大水滴、混合相和冰晶结冰条件。

在 2012 至 2013 年间,两款新型号飞机投入运营后连续发生了多次由于吸入冰晶造成的发动机功率下降、发动机损伤事件[5],FAA 加快了立法脚步,于 2014 年 11 月 4 日发布了 25 - 140、33 - 34 联合修正案"过冷大水滴、混合相和冰晶结冰条件下的飞机和发动机合格审定要求",通过以下规章要求调整以期改善飞行安全: 受过冷大水滴结冰影响较大的运输类飞机增加过冷大水滴结冰条件要求;所有运输类飞机增加混合相和冰晶结冰条件要求;所有的涡喷、涡扇和涡桨发动机增加过冷大水滴、混合相和冰晶结冰条件要求。修订了 25 部和 33 部相关条款,包括:

- 25.1093:进气系统的防冰(修订);
- 33.68:进气系统的结冰(修订);
- 33.77:外物吸入——冰(修订);
- 25.1420:过冷大水滴结冰条件(新增);
- Part 25 附录 O:过冷大水滴结冰条件(新增);
- Part 33 附录 C:(新增,当前无内容,为将来潜在的与结冰相关的条款预留);
- Part 33 附录 D:混合相和冰晶结冰包线(深对流云)(新增)。

2014 年 10 月,FAA 发布了咨询通告 20 - 147A,给出了包括冻雾雨、冻雨、过冷大水滴和冰晶结冰等大气条件及对于飞机和发动机的工作影响和验证思路的指导。

通过以上规章修订,对于结冰包线的定义进行了扩展,有助于增强适用机型的结冰运行安全性。但是,对于新规章的符合性,通常需要工业方与审查方的持续努力,需要几个机型的经验才能形成共识的符合性方法。以冰晶结冰为例:虽然 FAA 于 2010 年发布了 NPRM,但是直到 2014 年发布 25 部和 33 部规章修正案,冰晶分析工具和试验技术也还没有完全成熟,没有得到充分验证。本书6.2节也介绍了 NASA 对冰晶结冰的研究进展,目前 NASA 对于冰晶结冰的机理还没有完全掌握。在 2014 年 10 月 FAA 发布的咨询通告 20-147A[3] 中,FAA 提出分阶段实施的方法,用这种方法确定发动机型号合格审定的冰晶结冰危害。分阶段实施具体指:目前阶段,新型号发动机验证时必须解决已知的冰晶结冰环境下的服役事件(例如,核心机损伤和发动机熄火事件)。在冰晶结冰分析工具和试验技术成熟并且得到验证之前,发动机制造商应使用比较分析方法来分析这些特殊服役事件。这种分析方法应表明新的发动机循环或/和设计特征使发动机能够可接受地运行(不能出现不可控的推力下降、掉转速、失速,以及不可接受的压气机叶片损伤)。然后,当相关技术成熟时,建议发动机制造商采用成熟且经验证的技术开展全尺寸发动机试验,以表明在冰晶结冰环境下的运行能力。FAA 预测,长期来说,最终可接受的验证将包括对 33 部附录 D 中冰晶结冰环境的 CPA 分析,分析应覆盖所有的发动机功率等级,包括飞行慢车。申请人在提出符合性方法时,可以采用最新的工具和技术,通过试验和经验证的分析相结合的方法向 FAA 表明符合性。该分析中所用的计算工具应经过台架校准试验数据或者发动机试验采集数据的验证。

7.5　本 章 小 结

结冰研究一方面可以给防冰设计提供参考,另一方面也给结冰适航提供理论支撑。本章对 33 部和 25 部中关于航空发动机结冰的适航条款进行了详细解读,结合前述结冰理论方面的研究,可为具体型号发动机防冰方面的适航验证提供借鉴和参考。

参考文献

[1]　EASA. CS 25 certification specifications and acceptable means of compliance for large aeroplanes[S]. EASA,2015.

[2]　Pfeifer G D, Maier G P. FAA-RD-77-76 engineering summary of powerplant icing technical data[R]. National Technical Information Service, 1977.

[3]　FAA. AC 20-147A turbojet, turboprop, turboshaft and turbofan engine induction system icing and ice ingestion[S]. FAA, 2014.

[4]　沈浩,韩冰冰,刘振侠,等.运输类飞机结冰适航合格审定[M].上海:上海交通大学出版社,2018.

[5]　Boeing. Boeing advises about 787, 747 engine icing problems[EB/OL]. https://www.usatoday.com/story/todayinthesky/2013/11/25/boeing-advises-about-787-747-engine-icing-problems/3698795/[2022-12-12].